这本手册属于________________。

"我们生活在南京"丛书

南京夜间生物观察手册

AN OBSERVATION GUIDE TO NOCTURNAL WILDLIFE IN NANJING

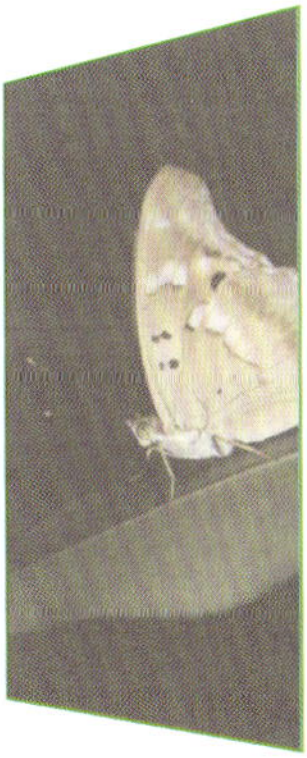

海鹦 主编

南京出版传媒集团
南京出版社

图书在版编目（CIP）数据

南京夜间生物观察手册 / 海鹦主编. -- 南京 : 南京出版社, 2025. 4. --（“我们生活在南京”丛书）.

ISBN 978-7-5533-4937-4

Ⅰ. Q95-62

中国国家版本馆CIP数据核字第2024J142U0号

丛 书 名 “我们生活在南京”丛书
丛书主编 姜 盟
书　　名 南京夜间生物观察手册
主　　编 海 鹦
出版发行 南京出版传媒集团
南 京 出 版 社
社　　址 南京市玄武区太平门街53号
邮　　编 210016
联系电话 025-83283873、83283864（营销）　025-83112257（编务）

策划统筹 孙前超
责任编辑 王晓晨
装帧设计 刘 俊
责任印制 杨福彬

排　　版 南京私书坊文化传播有限公司
印　　刷 南京大贺开心印商务印刷有限公司
开　　本 787 毫米 × 1092 毫米　1/32
印　　张 14
字　　数 225千
版　　次 2025年4月第 1 版
印　　次 2025年4月第 1 次印刷
书　　号 ISBN 978-7-5533-4937-4
定　　价 58.00 元

壹科普

以微知著

编委会

主　　编：海　鹦

副 主 编：黄　悦　朱文启

编　　委：海　鹦　黄　悦　朱文启　刘晶晶　许剑涛　张子寒

图片摄影（按首字母拼音排序）：

包浩然　程佳敏　高　凡　海　鹦　韩　芯
胡潇航　黄　悦　刘子骞　苏　斌　苏圣博
孙智东　孙梓涵　王瑞阳　解　歆　严少华
尹方韬　袁　屏　张子寒　赵元熹　朱文启

组织编写：草木里自然博物工作室

总序

南京，这座被长江环抱、钟山守护的千年古都，既是人文鼎盛的诗意之城，也是万物共栖的生命家园。城市的天际线上，现代建筑的棱角与原生林带的轮廓彼此交融，见证着绿色发展的深层脉动。

南京的生态密码，镌刻于“山水城林”交融的基因之中。长江湿地孕育的候鸟驿站、紫金山麓绵延的森林廊道、明城墙缝隙滋生的蕨类群落，共同构筑起生物多样性的立体网络。长江江豚族群在长江南京段水中游弋，中华虎凤蝶于浦口老山振翅，震旦鸦雀在八卦洲鸣唱——这些跃动的生命坐标，丈量着城市生态修复的深度与温度。

“我们生活在南京”丛书，以“市民博物学”为内核，忠实记录了南京城人与自然生态和谐共生的发展轨迹。翻开书页，您将直面城市生命的万象：一本《南京夜间生物观察手册》，带你邂逅南京城里的奇妙“暗夜精灵”，解码城市中那些隐秘又充满惊喜的折叠空间，探寻暗夜之下的别样生机；手握《南京常见水生生物观察手册》，开启一场南京水生世界探索之旅，从本土物种到外来品种，从珍稀保护动物到菜市场常见鱼类，超全收录，实用第一……每册均以“基础信息 + 特征 / 习性 + 生态摄影”的形式介绍物种，口袋书式的轻便设计，伴您随时随地走进自然——从江岸到街巷、从树冠到土壤，以图识物，见微知著。

2025 年 3 月 27 日，江苏省十四届人大常委会第十四次会议表决通过了新制定的《江苏省生物多样性保护条例》，该《条例》将于今年 5 月 22 日国际生物多样性日正式施行。本套丛书的出版正逢其时，既是南京作为省会城市践行《条例》的生动注脚，也为市民参与生物多样性保护提供了随身指南。

每一帧物种影像背后，是南京数十年中对长江江豚保护的坚守，对中华虎凤蝶栖息地修复的匠心，更是千万市民对自然的凝视与记录。当您用手册对照辨认小区步道的二月蓝，用夜观指南解读草丛虫鸣的密语，便已参与构建这座城市的生命编年史。

此刻，斜阳为明城墙披上金纱，江豚跃水的弧线划破暮色。愿这套书成为您与自然对话的密钥，在砖缝苔痕间，在夏夜微光里，见证金陵城生生不息的生态诗篇。

是为序。

（世界自然保护联盟物种生存委员会中国物种专家组成员、江苏省动物学会科普委主任、江苏省科普作家协会生态环境专委会主任、南京江豚水生生物保护协会常务副会长兼秘书长）

姜盟

2025 年 4 月

前言

“钟山龙蟠走势来，秀色横分历阳树。”位于长江中下游宁镇丘陵地带的南京，自然条件颇为优越，湖光山色，相映成趣。

生活在南京的自然爱好者无疑是幸福的——这座城市的自然景观丰富多彩，为我们提供了广泛的探索和观察机会。长江以南的钟山秀美，佳木成荫，青龙山—汤山一脉山林葳蕤，生机勃勃；长江以北的老山草木葱茏，万物欣欣向荣……此外，南京还有诸如玄武湖公园、雨花台、清凉山公园和绿博园等大大小小的城市公园点缀其中，它们或秀美，或精巧，或繁盛，为无数动植物提供了赖以生存的家园，是休闲踏青的好去处，更是自然观察的绝佳之地，给人无限的探索乐趣。

本手册共收录了43个目，包括哺乳动物、两栖动物、爬行动物、软体动物、节肢动物等众多类别，涉及南京地区夜间可见的各类野生动物，共计400种。同时，考虑到本书的实用性，也适当增加了部分夜晚不易观察但在白天较常见的生物种类。

在编写本手册的过程中，我们采取了一种系统而综合的方法。正文部分在物种的基础信息的基础上，有重点地描述了物种的特征与习性。此外，为了增强识别的准确性和便利性，每个物种都配备了辨识图片。为确保信息的准确性与权威性，我们参考了大量专业书籍和科学资料。同时，我们也融入了团队多年来的实际观察经验。我们力求为读者提供一份既严谨又实用的物种识别指南，帮助大家更好地欣赏和了解自然界的多样性。

携带这本手册，走进您生活的小区、常去散步的公园或是休闲玩耍的景区，将它作为指南，观察和探索您所遇到的兽类、昆虫等。这一过程将会为您带来不少发现和乐趣。

囿于编者的学识和经验，本手册可能存在一些错误和疏漏。我们期待并诚挚欢迎各位读者朋友的批评与指正。

草木之间，生命可赞，万物可爱。只要潜心其中观察，必然能够有所收获。期待本手册能够带您打开夜间自然观察的大门，发现自然生命的美好，享受人与自然和谐共处的世界。

海　鹦

2025 年 1 月 9 日

目录

☑ 可以把观察到的物种做标记

兽类 | Mammals

爬行动物类 | Reptiles

两栖动物类 | Amphibians

软体动物类 | Mollusks

鱼类及水生动物类 | Fish and aquatic animals

多足及其他生物类 | Myriapods and other biological categories

蜘蛛类 | Spiders

昆虫类 | Insects

蜻蜓目

直翅目

半翅目

鳞翅目

双翅目

膜翅目

鞘翅目

其他目

到自然里去

——何为夜间自然观察

炎炎夏日，梅雨季一过，南京便进入了酷热难耐的“上蒸下烤”时节，户外活动令人望而却步。然而，等到日光式微，白日的燥热褪去，野外就充满了魅力。这时，只需携带一颗充满好奇与探索欲的心和一只手电筒，步入夜晚的草丛林木中，驻足观察，自然界里那些美妙绝伦的剧目便会轮番上演，给人带来无限的快乐与遐想。这就是夜间自然观察的妙处所在——黑暗遮蔽了一切不相关的物，人的感官会高度集中在被手电筒打亮的一束光内，精彩而狂野的生命世界是城市白日里被折叠的另一面，一个充满活力的生态剧场在眼前徐徐展开。其中，大多是昆虫、蜘蛛、马陆、蜈蚣等节肢动物王国里上演的悲欢离合，有时则会是蛙类们的音乐会，如果运气足够好，还能遇到狗獾、貉、鼬獾等夜行性兽类，它们或觅食，或繁衍，或缠斗……一幕幕画面都是它们生命历程中的重要时刻，为观察者带来持续一整晚的惊喜体验。

到自然里去，打开手电筒与你的感官，一场充满未知与奇遇的夜间奇妙旅程便开始了。

夜晚，走到户外，打开灯光，欢迎进入奇幻动物剧场。

笔者正在观察树干上的夜行性小动物。

夜间自然观察看什么

——衣、食、住、行

夜间观察时可以看什么呢？除了生物们多姿多彩的外观外，它们的“衣、食、住、行”也各有门道，潜心观察，必有所获。

1. 衣：奇妙的变态过程

在夜间观察的生物中，昆虫是数量最为庞大的。它们展示了极其丰富的形态多样性，为观察者提供了无尽的欣赏和研究机会。昆虫的多样性不仅体现在成虫的外观上，更在于它们复杂的生命周期中的各种生长过程。

昆虫的个体发育过程，分为全变态和渐变态两种类型。如以蝴蝶和蛾为代表的鳞翅目昆虫，它们会经历从幼虫到蛹再到成虫的显著形态变化。这种从无翅的幼虫变为拥有翅膀、能够翩跹飞舞的成虫的生长过程，叫作全变态。而像斑衣蜡蝉这种虽然在不同虫龄阶段的外观相似，但色彩却截然不同的生长过程叫作渐变态。

不管是全变态还是渐变态，当它们褪下最后一次旧衣，羽化为成虫的时候，都是其生命的高光时刻，充满无限的张力，令人忍不住驻足惊叹。夜晚去水边，就有机会见到蜻蜓的幼虫——水虿，它们趁着夜色从水中爬出，到岸边的灌木丛或树木上羽化。而在森林

穿着彩虹外套的叶甲

自带天线的天蛾宝宝

羽化中的小黑日宁蝉体色变化如梦似幻

里，则能见到从地下钻出来的蝉，正在慢慢展开它们宛如碧玉的蝉翼，开启新的生命阶段。

通过观察这些昆虫的变化，我们不仅能够欣赏到自然界的奇妙，更能深刻理解生命的多样性。每一次夜间观察都是一次新的发现之旅。

2. 食：舌尖上的动物世界

夜幕降临，当我们结束晚餐走进自然世界，那里的生物也开始了它们的美餐时刻。昆虫作为夜间最活跃的一类生物，其食性呈现出极大的多样性，甚至同一种类的昆虫在不同生长阶段都有着巨大的差异。根据食物来源的不同，我们可以将夜间观察到的生物大致分为植食性、肉食性、腐食性和杂食性四大类。接下来，让我们一起走进“舌尖上的动物世界”。

（1）植食性生物

以活体植物为食的昆虫占大多数，如我们所熟悉的蝴蝶、蛾子、竹节虫、叶甲等。有些昆虫的命名甚至直接与其取食植物的种类有关，如茄二十八星瓢虫，主要取食茄科植物的叶片。还有很多昆虫具有高度的寄主专一性，只吃特定种类的植物，如丝带凤蝶、红珠凤蝶、麝凤蝶等，它们主要以马兜铃科植物为食。找到寄主植物，就很可能会找到这些蝴蝶的幼虫。有些种类的昆虫则具有广泛的食性，能够取食多种植物，如南京常见的鳃金龟、竹节虫等。我们在观察昆虫时也可以顺带观察其取食植物的种类，为它做个“专项食谱调查”。

备受多种蝴蝶喜爱的马兜铃

正在大快朵颐的鳃金龟

（2）肉食性生物

肉食性生物分为捕食型和寄生型两类。捕食型生物是指捕食其他昆虫或动物作为食物的生物，最典型的就是蜘蛛，不管是否结网，它们都以捕猎为生。而在昆虫中，蜻蜓也是典型的捕食型生物，生活在水中的幼体水虿以水中各类小生物为食，成年后则在飞行中捕

在植物上等待猎物的斜纹猫蛛

水中霸主——水虿

捉其他小飞虫。

（3）腐食性生物

腐食性生物对于自然中的生态循环起到了重要的作用。它们促进了自然界中的更新变化，不过往往“名声”没有那么好，比如爱吃粪便的蜣螂、以动物尸体或腐败植物为食的埋葬甲和果蝇等。南京最常见的一种马陆燕山蛩，则会以森林中的枯枝落叶等有机碎屑为食，堪称森林的“清洁工”。

森林“清洁工”——燕山蛩

（4）杂食性生物

南京较常见的两种野生哺乳动物——狗獾与貉都是杂食性的，因为生活在人类活动较为频繁的城市公园，它们甚至“开发”了一个新的食物来源地——垃圾桶。

杂食的野生“小强”

在紫金山山顶公园周边的垃圾桶旁，时常能遇到貉在周边徘徊，它们或许正在试图寻找食物。

而杂食性的昆虫则兼食动物性和植物性食物，它们的分布区域也较广，从人居环境到荒野间，都有它们的一席之地。

3. 住：家是最好的物理防御

在竞争复杂的自然界中，为了更好地生存，以昆虫为代表的生物进化出了各种形态及行为以适应环境。毛翅目的幼虫石蚕利用水中的砂石或枯叶造出巢袋来保护自己脆弱的身体；沫蝉的若虫利用泡沫来隐藏自己；柑橘凤蝶的幼虫看上去就像是一坨鸟粪；竹节虫为了躲避捕食者的视线，则将自己伪装成一节树枝，当遇到危险时一动不动，从而达到保护自己的目的。

石蚕用砂砾造小房子

沫蝉若虫利用泡沫隐藏自己

柑橘凤蝶的幼虫装“屎”

和环境融为一体的竹节虫

4. 行：繁衍与休憩

动物界中的繁衍生息，是一曲接一曲的生命赞歌。白天，蝉在酷暑间放声高歌；夜晚，水塘边的蛙们鼓起鸣颊合唱，直翅目的昆虫们不停歇地摩擦着翅膀，萤火虫一闪一闪地亮着光……夜晚的荒野成为“相亲”现场，大家各显神通，为了生命的延续全力以赴。

不过，也有一些在白天活动的动物，此刻已经进入了梦乡。像蝴蝶和蜻蜓这类昆虫，或许正在枝前叶下酣睡，如若遇到，可不要惊扰了它们的美梦。

相亲相爱的鹿蛾

睡梦中的菜粉蝶

夜间观察地点推荐

南京的夜晚精彩不断，考虑到观察目标的不同以及交通便利性，我们推荐以下夜间观察地点：

1. 紫金山

紫金山有多条自然观察路线。如果想看到兽类，可沿蒋王庙登山道一路往上至山顶公园，有很大概率能够见到夜晚觅食的狗獾、貉、鼬獾、獐子等动物。如果想观察蜻蜓的羽化和水生生物，可以到琵琶湖、下马坊公园等有小片湿地水域的环境中去。观察萤火虫则可以前往流徽榭、王家湾松森路、中山陵园邮局路一带。夜间自然观察时，就近选择草木繁茂、道路平坦、无路灯的绿道路段为佳。

2. 汤山林场

汤山林场的范围较大，这里几乎每座山头都有防火道，在植被较为茂盛的防火道周边即可观察到许多种类的昆虫。比较推荐的一条路线为地铁古泉站 2 号口边的汤山头防火道，短短两千米的路就能观察到几十种生物。

3. 市民公园及小区绿地

其实，夜观的最佳地点应该是住所周边的少光且人工干预较少的绿地，这里的故事一点也不会比深山少。沿着绿化带仔细观察，蟋蟀、螽斯、蜘蛛、蛾子幼虫、鳃金龟等都较为常见。但如果是经常喷洒药物的绿地，观察效果可能会大打折扣。

紫金山

公园绿地

汤山林场

物种鉴定学习渠道推荐

1. 小程序、专业网站

可通过物种识别工具，如晓虫、文浩识蝶、文浩识蛾等微信小程序等。这些工具或平台可以根据图片快速识别物种，对常见物种的识别率很高。但识别结果仅供参考，最好能够通过图鉴、专业数据库等渠道进一步查证。

2. 出版物

近些年，博物学越来越成为一种流行的生活方式，有关的科普出版物也较多，通过阅读相关地方性科普读物来了解自然，无疑是一种很好的方式。可参考本手册的“参考资料”进行拓展阅读。

3. 爱好者社群及专业人士

加入区域性的爱好者社群或者专项分类的社群来与同好进行交流，是一种较为高效的学习方式。也可求助相关专业人士。

夜观行前准备及注意事项

一般来说，初步入门自然观察，准备开始夜间探索时，最需要的装备有：

☐ 发光较强的手电筒或者头灯，记得要充满电，准备好备用电池。

☐ 含避蚊胺的驱蚊水或驱蚊手环。适宜夜观的场所往往也是蚊子们的乐园，要保护好自己。

☐ 长袖长裤，可以有效防止蚊虫或蜱虫叮咬。

☐ 适量饮用水，及时补充水分。

当你已经不满足于仅仅是找到这些生物，而想要更加深入地仔细观察它们时，可以升级的装备有：

☐ 透明的亚克力观察盒，用于临时存放较为活跃的小动物或装水后观察水生生物，观察完毕后需及时将该物种放回发现地。

☐ 带有闪光灯或补光设备的微距相机，可以帮你记录下发现的各类生物。

特别需要注意的是——

夜间观察是一项生态友好型活动，我们去这些生物的家中拜访它们，应该做到有礼有序，不能随意干扰动物的行为，不捕捉它们，不破坏它们的家。

学习用欣赏和多元的视角看待昆虫及各种生物，对于人类来说它们也许有益或者有害，但它们也是我们这个星球的一员，和我们一样有生存的权利。而且，在不同时期和阶段，它们与人类的关系也会发生变化，我们要尊重生命的存在，学会用发展的眼光观察生物。

夜间观察主要在户外进行，人身安全最为重要。不要贸然进入不熟悉的区域，不深入灌木丛等可能存在蜱虫、毒蛇的区域。最好能在白天提前踩点，熟悉晚上要观察的路段。走在较为开阔的道路上，结伴而行，谨防意外发生。

最后，让我们一起走进温柔的良夜，享受发现与探索的快乐吧！

手册使用指南

*本手册里，学名省略了命名人等信息，简化呈现。另外，有一些生物未能精确鉴定到种，其学名以不定种形式给出：像硬体盲蛛，学名写作 *Sclerosomatidae spp.*，代表硬体盲蛛科的不定种；再如蛮喙锥象，学名记为 *Agriorrhynchus sp.*，同样属于不定种范畴。

兽类
Mammals

獐

Hydropotes inermis

鲸偶蹄目

鹿科

体长：89cm—105cm

*相遇日*____________

特征 | 小型鹿类，雌雄均无角。雄性上犬齿发达，向下延伸成獠牙，突出口外。毛浓密，尾短不明显。体背及侧面为棕黄色，下颌部和喉上部白色，腹中央及鼠蹊部淡黄色。幼崽体侧有两行小的白色斑点。

习性 | 生活在低丘区域、海岛林缘等地的灌木丛、草坡和矮树林中。喜欢独居，偶尔成对活动。生性胆小，感觉灵敏，善于隐蔽。行动轻快，常跳跃前进。

野猪

Sus scrofa

鲸偶蹄目
猪科
体长：90cm—180cm

相遇日________

特征｜身体矮胖，雄性比雌性大。体色褐色或略带黑色，具粗毛。吻部非常突出，雄性犬齿特别发达，上下颌犬齿均露出唇外，称为獠牙。

习性｜从森林到灌木丛、草地、沼泽和农田，几乎所有野外栖息地均能发现野猪。食性杂，以植物果实、菌类、昆虫等为食，主要在晨昏和夜晚活动，善于游泳。

狗獾

Meles meles

食肉目
鼬科
体长：49cm—70cm

*相遇日*______

特征 体型肥壮，吻鼻长，腿和尾均短而粗。头顶有3条白色纵纹，其间夹着2条黑褐色纵纹。面部狭长，呈锥形。耳小而圆，耳尖白色，位于头两侧偏下。从头至尾均有粗硬的针毛。

习性 生活于森林、山坡灌木丛、荒野及湖泊堤岸等环境。挖洞而居。夜行或晨昏活动，有冬眠习性。食性杂，以蚯蚓、昆虫、小型哺乳动物、植物的根茎果实等为食。

鼬獾

Melogale moschata

食肉目
鼬科
体长：31cm—41cm

相遇日＿＿＿＿＿＿＿＿

特征 | 体型较小，身体细长，四肢短。背部及侧面黑褐色或棕褐色，额头正中有近似心形的白斑，头顶后至脊背有 1 条连续不断的白色纵纹，眼后、脸颊和颈侧同样有不规则的白色斑纹。

习性 | 生活于树林、灌木丛、草丛等环境中，也会出现于农田和小区中。食性杂，以蚯蚓、昆虫、鼠类及植物果实等为食。

黄鼬

Mustela sibirica

食肉目
鼬科
体长：28cm—40cm

*相遇日*______________

特征 | 体型中等，身体细长，体色为黄褐色或浅棕色。头小，颈部较长，脸部及额头暗褐色。四肢较短，尾巴细长，约为身体长度的一半。

习性 | 生活于树林、农田、荒地等环境中，也常出现在村庄和小区内，以鼠类等小型动物为食，擅长游泳，遇危险时能排出臭气，惊退敌人。

貉

Nyctereutes procyonoides

食肉目

犬科

体长：45cm—66cm

相遇日________

特征 | 体型矮粗，体色棕灰，毛发蓬松。四肢较短，几近黑色。前额和鼻嘴部为白色，眼圈周围黑色，脸颊侧面有长毛。尾巴棕灰色杂有黑色，尾巴长度约为身体的 1/3。

习性 | 生活于丘陵和平原地区的开阔树林、河谷及茂密灌木丛等环境中，也会出现于小区中。穴居，常利用其他动物的废弃洞穴。食性杂，以鼠类、蛙类、昆虫、植物根茎与果实等为食。

东北刺猬

Erinaceus amurensis

猬形目
猬科
体长：20cm—28cm

相遇日________

特征 体型肥短粗壮，身体背部及侧面布满粗而硬的棘刺，脸、腿及腹部布满灰白色细而硬的长毛，嘴巴黑色，皮肤裸露。

习性 生活于林下有密集灌木丛和高草丛的环境中，在树根、灌木丛、石隙等处穴居，以昆虫和蠕虫为主食，也会食瓜果蔬菜等农作物和蜥蜴、蛙类等小动物。受惊时定住不动，卷曲成球，将棘刺竖立在外，以此御敌。

华南兔

Lepus sinensis

兔形目
兔科
体长：35cm—47cm

*相遇日*______________

特征 背部棕灰色或棕褐色，额部及头部毛色较暗，略呈棕黑色，颈部有一小片呈纯棕黄色，耳朵较短，耳内侧着生淡黄色稀疏短毛，尾巴长度约为后足的一半。

习性 生活于较茂密的灌木丛和杂草丛等环境中，也出现于果园、苗圃和农田附近，以杂草、树叶、花芽和蔬菜、瓜果等为食。

小菊头蝠

Rhinolophus pusillus

翼手目
菊头蝠科
体长：35mm—44mm

*相遇日*______________

特征 | 体型在菊头蝠中较小。鞍状叶基部宽，顶部窄，呈三角形，两侧缘微凹入；联接叶侧面呈尖三角形；马蹄叶钝而圆，具两颗小乳突。耳短。翼膜不甚延长，体背锈棕黄色，腹面棕褐色。

习性 | 生活于低山山洞、坑道或居民点附近的洞穴内，夜间活动。

爬行动物类

Reptiles

王锦蛇

Elaphe carinata

有鳞目
游蛇科
体长：150cm—250cm

相遇日________

特征 体型粗壮，头略大，与颈部区分明显，头部有黑色“王”字形图案。主要为黄、黄绿和黑色。多数前段有宽大黑色横斑，身体后段及尾呈黑网纹。幼体花纹不甚明显。

习性 栖息于山地、丘陵、平原地区的灌丛、草丛和田野沟边，以蜥蜴、蛇类、鸟类等为食。无毒，性情凶猛，受惊吓后腺体释放分泌物，气味十分难闻。

幼体

成体

黑眉锦蛇

Elaphe taeniurus

有鳞目
游蛇科
体长：150cm—200cm

*相遇日*__________

特征 头部窄且长，与颈部区分明显，眼后有黑色眉纹。背部黄绿色或棕灰色，自颈后到背部有“工”字形纹或蝴蝶结纹，体面有褐色杂斑，背后杂斑两侧各有 1 道黑褐色纵纹延伸至尾部。

习性 栖息于山地、丘陵、平原地区的草地、农田及河边，捕食鼠类、鸟类等，有时会因追逐老鼠出现在郊区农舍周围、房屋内及城市小区中。无毒，性情凶猛。

双斑锦蛇

Elaphe bimaculata

有鳞目
游蛇科
体长：80cm—100cm

相遇日＿＿＿＿＿＿

特征 头部呈椭圆形，与颈部区分明显。背部为灰褐色或黄褐色，有哑铃状横斑或两两相对的圆斑，斑纹为红褐色，镶黑色边。头部有倒“V”形狭长的斑纹，通常与背部斑纹相连接。

习性 栖息于山地、丘陵、平原地区的树林、灌木丛或沟渠，捕食蛙类、蜥蜴、鼠类、鸟类等。无毒，性情温顺。

赤链蛇

Lycodon rufozonatum

有鳞目
游蛇科
体长：80cm—130cm

相遇日________

特征 头较大，枕部有 1 条倒“V”形红色斑纹。背部黑色粗横斑和红色窄横斑交替出现，侧面也有黑红相杂的斑纹，有些红色横斑颜色较浅。

习性 栖息于丘陵、平原地区的农田、树林及水源地附近。捕食鱼类、蛙类、蛇类、蜥蜴、鸟类等。无毒，性情凶猛。

乌梢蛇

Ptyas dhumnades

有鳞目
游蛇科
体长：150cm—200cm

*相遇日*__________

特征 | 头部呈椭圆形，眼大，头颈区分明显。背部常见为黄褐色或黑褐色，身体两侧各有两条黑色纵线向后延伸。部分个体为纯黑色，身体后半部黑色纵线模糊不清甚至消失。

习性 | 栖息于山地、丘陵、平原等环境，常出没于水源地附近，捕食蛙类、鼠类等。无毒，性情胆小。

虎斑颈槽蛇

Rhabdophis tigrinus

有鳞目
游蛇科
体长：90cm—130cm

*相遇日*__________

特征 头部呈椭圆形，眼较大，颈背正中有颈槽，枕两侧有 1 对粗大的黑色斑块。背部翠绿色或草绿色，颈后至身体中段有黑红相间的斑纹。受惊时常直立起前半身，颈部平扁扩大。

习性 栖息于山地、丘陵和平原地区的湖泊、稻田等水源地附近，捕食蛙类、蟾蜍、鱼类等。有毒，但性情温顺，被抓时才会咬人，人被咬后症状为皮下出血，过敏体质者可能有生命危险，观察时注意保持适当距离，切勿捕捉。

翠青蛇

Cyclophiops major

有鳞目
游蛇科
体长：80cm—110cm

相遇日______________

特征 身体细长，体型中等。头呈椭圆形，略尖，眼睛较大。全身平滑有光泽，体色为深绿、黄绿或翠绿色，头部腹面及躯干部的前端腹面为淡黄微呈绿色。尾细长。

习性 栖息于中低海拔的山区、丘陵和平地，常于草木茂盛或荫蔽潮湿的环境中活动。白天活动，夜晚休息。动作迅速而敏捷，性情温和，不攻击人。在野外见到不明物体时会迅速逃走。野生个体以蚯蚓、蛙类及小昆虫为食。

中国小头蛇

Oligodon chinensis

有鳞目
游蛇科
体长：48cm—90cm

相遇日____________

特征 中小型体型，呈圆柱状。背鳞光滑，腹鳞圆或两侧具棱。背部呈淡灰褐色，中央有 1 条淡褐色有时呈红色的纵线。背面有黑褐色横纹，各横纹之间具多数波状纤细的黑纹，有如秤杆上的秤花。

习性 山区及平原均有分布，有时会进入家屋。以蜥蜴和壁虎的卵为食。

黑头剑蛇

Sibynophis chinensis

有鳞目
游蛇科
体长：50cm—105cm

特征 体型细长。头背灰黑色，上唇鳞白色，头颈部有1块黑斑，黑斑后缘有1条细白横纹，颈部后段常有1段黑色细纵纹。体背棕褐色，腹部白色，具腹链纹。

习性 栖息于潮湿的山林、丘陵等地区。以蜥蜴为主食，偶食蛇、蛙。

*相遇日*____________

短尾蝮

Gloydius brevicaudus

有鳞目
蝰科
体长：50cm—70cm

相遇日__________

特征 体型短粗，头部略呈三角形，有颊窝。冠眼纹宽，呈黑褐色，眼上方有细长的白色眉纹。背部红褐色或灰褐色，成对排列着深褐色圆斑，圆斑下部不闭合。

习性 栖息于丘陵、平原地区的农田、沟渠和路边草丛，捕食蛙类、蜥蜴及鼠类。有剧毒，人被咬后伤口剧烈疼痛，严重者会出现休克和急性肾功能衰竭。遇到时请保持较远距离或绕道而行，切勿靠近和捕捉，如不慎被咬，应及时就医。

多疣壁虎

Gekko japonicus

有鳞目
壁虎科
体长：100mm—150mm

*相遇日*______________

特征 | 身体较扁平，尾巴与身体长度相近。背部覆有较小的粒鳞，背部及四肢均散布明显的疣鳞。尾部两侧分别有 2—3 枚肛疣。一般呈灰褐色，背部有 5—7 道深褐色横斑，四肢及尾部也有深褐色横斑。色斑变异较大，部分个体颜色较浅。

习性 | 活动于夜间，在民房的外墙上和屋檐下活动，有灯光照射的墙壁处更为常见，也会出现在野外的树干上。捕食蛾类、蚊子等小型昆虫，有时会为争夺食物而互相争斗。

铅山壁虎

Gekko hokouensis

有鳞目

壁虎科

体长：60mm—130mm

相遇日______

特征 身体较扁平，体背主要为褐色或深褐色。暗褐色与浅褐色规则分布的斑块由颈部背部延伸到尾部，形成体背中央极明显的特征。在体背较细小的粒鳞间，夹杂有较大的疣鳞，扩展的前后肢指端下有单列指瓣。尾部两侧分别有 1 枚肛疣。

习性 活动于夜间，在建筑物的缝隙及洞中，以及野外砖石下、草堆内较为常见。以昆虫及其他小型无脊椎动物为食。

铜蜓蜥

Sphenomorphus indicus

有鳞目
石龙子科
体长：160mm—250mm

*相遇日*______________

特征 背部光滑，呈古铜色，有细碎的黑褐色斑点。侧面有一黑褐色纵带，自眼后延伸至胯部，边缘较为平齐。眼睑发达，下眼睑表面有细鳞。尾长约为头体长的 1.5—2 倍。

习性 栖息于山区、丘陵及平原有较多灌木丛和荒石堆的环境中，白天阳光好时也会在山道边晒太阳。捕食昆虫、鼠妇等小型无脊椎动物。

宁波滑蜥

Scincella modesta

有鳞目
石龙子科
体长：80mm—120mm

相遇日____________

特征 体型小而细长，尾巴稍长于身体。背面古铜色，散布零星的黑褐色斑点，身体侧面有 1 道黑褐色纵纹，从嘴巴延伸至尾部。通体鳞片光滑，下眼睑是透明的睑窗。本种与铜蜓蜥颜色相似，但体型明显纤细，且一般不超过 10 厘米，可依此区分。

习性 栖息于向阳山坡多碎石处，也见于草丛及枯叶堆中，捕食昆虫、蜘蛛等小型无脊椎动物。

北草蜥

Takydromus septentrionalis

有鳞目
蜥蜴科
体长：250mm—300mm

相遇日________

特征 体型细长，尾长为体长的2—3倍。头小而略尖，背部橄榄褐色，部分身体外侧各具1条镶黑边的白色纵纹，自颈后延伸至尾部。身体常呈草绿色，有的还杂有不规则的深色斑纹。

习性 栖息于山区和丘陵的农田、茶园、荒地等多草丛的灌木处，捕食昆虫、鼠妇等小型无脊椎动物。

两栖动物类
Amphibians

泽陆蛙

Fejervarya multistriata

无尾目
叉舌蛙科
体长：38mm—49mm

相遇日______________

特征 背部皮肤粗糙，有数行长短不一的纵肤褶。褶间、体侧有小疣粒。颜色多为灰橄榄色或深灰色，也有绿色的。有的个体背部中央有 1 条浅色脊线。

习性 常见于稻田、沼泽、池塘、沟渠等，在水域附近的旱地及草丛也能见到。夏季夜晚在稻田中集群鸣叫，繁殖期长达半年，可多次产卵。

棘胸蛙

Quasipaa spinosa

无尾目
叉舌蛙科
体长：106mm—153mm

相遇日________

特征 体型肥硕，皮肤较粗糙，长短疣断续排列成行，其间有小圆疣，疣上一般有黑刺。背部多为黄褐色、褐色或棕黑色，两眼间有1条较粗的深色横纹。

习性 栖息于树木茂密的山间溪流及流动的小水潭内，以昆虫、溪蟹等为食。夜间常蹲在溪流边的岩石上。

黑斑侧褶蛙

Pelophylax nigromaculatus

无尾目
蛙科
体长：62mm—74mm

相遇日________

特征 背部皮肤较粗糙，颜色多变，有青绿色、黄绿色、灰褐色等，夹有许多大小不一的黑斑纹。多数个体有淡黄色或淡绿色的背中线，背侧褶明显，为金黄色或黄绿色。

习性 常见于稻田、池塘等环境中，跳跃能力强，叫声十分响亮。以鳞翅目、双翅目等各类昆虫为食。

金线侧褶蛙

Pelophylax plancyi

无尾目
蛙科
体长：55mm—67mm

相遇日____________

特征 | 背部皮肤光滑或有疣粒，体侧疣粒明显。背部是绿色或橄榄绿色，鼓膜及背侧褶呈棕黄色，背侧褶较宽，趾间几乎满蹼。

习性 | 多见于池塘边和湖边，也常趴在睡莲等浮水植物叶片上。受惊时常在水面快速跳跃一段距离后停下。

镇海林蛙

Rana zhenhaiensis

无尾目

蛙科

体长：36mm—60mm

*相遇日*________

特征 | 头长大于头宽，吻端钝尖。皮肤较光滑，仅背部和侧面有少量疣粒，背部疣粒通常呈“八”字形排列。颜色多，有棕灰色、棕褐色和灰黄色等。鼓膜位置的箭头状深色斑块较明显。

习性 | 冬季和早春繁殖时聚集于稻田、水塘等静水域内产卵，夏季多分散在植被较为茂密的林间或杂草丛中活动，以各种昆虫为食。

小弧斑姬蛙

Microhyla heymonsi

无尾目
姬蛙科
体长：18mm—24mm

相遇日__________

特征 背部皮肤较光滑，疣粒数量少且散生。背部多为粉灰色或浅褐色，从吻端至肛部有 1 条黄色细脊线，脊线两侧有 1 对或 2 对黑色弧形斑。

习性 常见于湖泊、池塘和临时积水的小水坑边，以及长满杂草的草丛中，也会出现在道路上，主食各种蚂蚁。雄蛙发出如“嘎、嘎”的鸣叫声，低沉且比较慢。

饰纹姬蛙

Microhyla fissipes

无尾目
姬蛙科
体长：21mm—25mm

相遇日________

特征 背部皮肤粗糙，有许多小疣粒，有的背部中线上的疣粒排列成行。背面颜色和花纹有变异，一般为黄棕色或灰棕色，有两个前后相连续的深棕色“∧”形斑，此特点可与近似的小弧斑姬蛙做区分。

习性 习性与小弧斑姬蛙相似，叫声也相似，有时一片草丛中能同时发现这两种蛙。

北方狭口蛙
Kaloula borealis

无尾目
姬蛙科
体长：40mm—46mm

相遇日________

特征 | 体型宽扁，头宽大于头长，皮肤厚而平滑。背面呈浅棕色，有少数小疣，体侧和脚上有大小不一的黄斑。

习性 | 夏季大雨后常聚集于池塘和水坑内繁殖，有时候也出现在水坑附近的草丛中，雄蛙发出类似“姆阿、姆阿”洪亮而低沉的叫声。不善跳跃，多爬行，后足掘土能力强，遇刺激时会迅速将腹部鼓起，就像充满气的气球。

遇刺激时的状态

中华大蟾蜍

Bufo gargarizans

无尾目
蟾蜍科
体长：60mm—121mm

相遇日__________

特征 体型肥大，皮肤粗糙，全身布满大小不等的圆形瘰疣，背部以灰棕色和土黄色为主。

习性 多见于陆地草丛、山坡石下、田地边等潮湿环境中，繁殖期常聚集在水边。跳跃能力不强。傍晚外出捕食，以昆虫、蜈蚣、蚯蚓等为食。被握紧时耳后腺能分泌白色乳状液体，需注意避免与人的皮肤接触，尤其避免进入眼、口、鼻中。

东方蝾螈

Cynops orientalis

有尾目
蝾螈科
体长：60mm—80mm

相遇日____________

特征 | 体型较小，形态接近常见的壁虎，具尾和四肢。背部黑色，腹部橘红色并长有黑斑。

习性 | 栖息于水塘、河沟、稻田等静水水域，以水生昆虫等水生动物为食。属中国特有物种，在南京较为罕见，应加强保护。

软体动物类
Mollusks

灰尖巴蜗牛

Acusta ravida

柄眼目
巴蜗牛科
体长：20mm—35mm

相遇日 ________

特征 螺壳呈卵球形，右旋，黄褐色，壳上常有黑褐色或灰褐色斑纹。螺层有5.5—6层，顶部螺层增长缓慢，体螺层突然膨大。壳口不扩大，几乎不反折。不同个体大小、颜色变异较大。

习性 生活于阴暗潮湿的林下落叶层、草地、农田、排水渠等环境中，以植物茎叶、花果为食。

栖霞巴蜗牛

Bradybaena qixiaensis

柄眼目
巴蜗牛科
体长：13mm—18mm

相遇日________

特征 螺壳呈扁球形，右旋。活着时壳体中央会呈现鲜艳的柠檬黄色。螺层有 5.5—6 层，各个螺层增长均匀而缓慢，壳口倾斜，稍反折。

习性 生活在阴暗潮湿的林下落叶层、草地、农田、排水渠等环境中。以植物茎叶、花果为食。

大脐蜗牛

Aegista sp.

柄眼目
巴蜗牛科
体长：25mm—30mm

相遇日＿＿＿＿＿＿

特征 螺壳呈扁圆盘形，右旋，壳上常有黑褐色斑块。螺层有8层，各个螺层增长均匀而缓慢，壳口黄褐色，略反折。脐孔宽而深，呈漏斗状，由底部可以一直看到第1个螺层。

习性 生活于阴暗潮湿的林下落叶层、草地、灌木丛、石块下等环境中。常见于公园附近潮湿多腐殖质的地方。以植物茎叶、嫩芽为食。

尖真管螺

Euphaedusa aculus

柄眼目
烟管螺科
体长：12mm—17mm

相遇日____________

特征 | 螺壳细长，呈尖塔形，左旋，壳面黄褐色或红褐色。螺层有10—12层，各个螺层增长均匀而缓慢。壳口梨形，肥厚反折，呈白瓷状。

习性 | 生活于阴暗潮湿的草丛、树皮缝隙、瓦砾堆、老房子外墙等环境中。以植物茎叶、嫩芽为食。

康氏奇异螺

Mirus cantori

柄眼目
艾纳螺科
体长：16mm—26mm

相遇日______

特征 螺壳短胖，呈锥形，右旋，黄褐色或栗色，有光泽。螺层有 7—9 层，螺层扁平，密布不均匀的螺旋向细沟，顶部 4—5 个螺层增长均匀而缓慢，其余螺层在长度上增长极慢。壳口缘增厚，反折且具明显的卷边。

习性 生活于阴暗潮湿的林下落叶层、灌木丛、草丛、土石缝隙等环境中。以植物茎叶、嫩芽为食。

断顶刍螺

Rumina decollata

柄眼目
钻头螺科
体长：20mm—30mm

*相遇日*____________

特征 壳呈渐细的圆柱形，灰肉色或灰白色，有光泽。成体顶部数层螺壳不同程度自然缺失，一般保留的螺层数为 4—6 层，螺层微凸起，壳口卵圆形，口缘简单。

习性 原产地中海的外来物种蜗牛，生活于阴暗潮湿的草丛、墙角和农田等环境中，小区里亦能发现。捕食其他蜗牛及它们的卵。

褐带环口螺

Cyclophorus martensianus

柄眼目
环口螺科
体长：20mm—35mm

相遇日______________

特征 | 螺壳呈陀螺形，右旋，壳面呈淡黄色，有褐色雾状花纹和环带。螺层有 5 层，螺层凸出，各个螺层增长均匀而迅速，体螺层膨大。壳口缘双层，内层直，外层反折，增厚而不连续。厣较薄，略凹陷。

习性 | 生活于阴暗潮湿的灌木丛、草丛等多腐殖质的环境中。以植物茎叶、嫩芽为食。常见于雨后夜晚的山间道路上。

双线巨篷蛞蝓

Meghimatium bilineatum

柄眼目
嗜粘液蛞蝓科
体长：35mm—50mm

相遇日______________

特征 | 身体柔软，裸露无外壳，外层膜覆盖全身。体灰白色或淡褐色，背部中央和两侧各有一黑色斑点形成的纵带，背面还有细小的黑色斑点，黏液乳白色。

习性 | 生活于阴暗潮湿的林下落叶层、灌木丛、草丛、农田等环境中，夜晚常在树干上活动。以植物茎叶、嫩芽为食，喜食各类蔬菜。

狮纳蛞蝓

Rathouisia leonina

并眼目
纳蛞蝓科
体长：35mm—60mm

相遇日______________

特征 体圆筒形，体表黏液量少而黏性大，呈黄褐色。背部粗糙，有线形黑斑，身体两侧有灰白色斑点。

习性 生活于阴暗潮湿的林下落叶层、灌木丛、草丛、石块下等环境中。捕食其他蛞蝓、无厣蜗牛及它们的卵。

鱼类及水生动物类

Fish and aquatic animals

青鳉

Oryzias sinensis

颌针鱼目
大颌鳉科
体长：约 30mm

相遇日________

特征 个体很小。体后段侧扁，眼大，背鳍位于身体后部。体色浅绿，身体半透明，可见骨骼及内脏轮廓。

习性 生活于池塘、水田等环境，喜集群于水草丛中，以水中的蚊子幼虫、鱼卵、浮游生物等为食。

高体鳑鲏

Rhodeus ocellatus

鲤形目
鲤科
体长：30mm—90mm

相遇日＿＿＿＿＿＿

特征 | 体呈卵圆形，体高而侧扁，背部隆起，嘴巴小。从鱼尾正中开始有一蓝黑色条纹向前延伸，不及背鳍处。雄鱼体色艳丽，身上和背鳍、臀鳍上常有红、橙、黑、蓝等颜色搭配。

习性 | 生活于流动缓慢或静止、水草茂盛的水中，喜欢集群活动，以藻类、浮游动物及水生昆虫等为食。雌鱼将卵产在淡水蚌内，鱼苗孵化后顺着河蚌呼吸进出的水流游出。

中华鳑鲏

Rhodeus sinensis

鲤形目
鲤科
体长：约 40mm

相遇日________

特征 体侧扁，呈长卵圆形。背鳍和臀鳍前段无硬刺，口角无须。雄鱼鳃盖后缘偏上有 1 枚水蓝色斑点，往后有淡淡的橘色和蓝色斑块。雌鱼体色较暗淡。

习性 生活于流动缓慢或静止、水草茂盛的水中，喜欢集群活动，以藻类、浮游动物及水生昆虫等为食。

麦穗鱼

Pseudorasbora parva

鲤形目

鲤科

体长：35mm—100mm

相遇日____________

特征 | 身体细长，稍侧扁，头小而略尖，嘴巴小。身体中部有一黑色细线，自嘴巴处延伸贯穿至尾部。

习性 | 生活于水流缓慢或静止的水体中，常活动于湖泊、池塘和河流等水域的上层，以水中的蚊子幼虫、鱼卵、浮游生物等为食。

泥鳅

Misgurnus anguillicaudatus

鲤形目
鳅科
体长：150mm—300mm

相遇日 ____________

特征 | 体长条状，呈圆筒形。体色多为黄褐色，体侧有不规则的黑色斑点。尾鳍圆形，基部上方有一显著的黑色大斑。

习性 | 底栖鱼类，喜生活于有底淤泥的静水或缓和流水域中的底部，昼伏夜出，视力不佳，但触须、侧线十分敏感。

鳌

Hemiculter Leucisculus

鲤形目
鲤科
体长：100mm—240mm

相遇日＿＿＿＿＿＿

特征 | 身体细长而侧扁，头略尖，嘴巴短。背部青灰色，侧面银色，尾鳍边缘灰黑色，在水中游弋时与身体其他部分区别明显。

习性 | 行动迅速，常成群游弋于湖泊和水库等浅水区的上层，以各种水生昆虫、小虾及藻类为食。

真吻虾虎鱼

Rhinogobius similis

鲈形目
虾虎鱼科
体长：30mm—100mm

相遇日________

特征 | 身体长筒形，头宽大，嘴巴圆钝且大，腹鳍愈合成长吸盘状。身体灰褐色，侧面有不规则的黑褐色斑纹，侧脸处有蠕虫状的暗色斑纹。

习性 | 生活丁江河、湖泊、池塘的沿岸浅滩，性情凶猛，以水生昆虫和小鱼等为食，幼鱼有集群溯游习性。

小黄黝鱼
Micropercops swinhonis

鲈形目
沙塘鳢科
体长：30mm—50mm

相遇日____________

特征 | 身体很小，口较大。背鳍两个，体色总体为黄灰色，腹部较黄，体侧有黑色横纹。一般雄鱼体型较雌鱼大，繁殖期颜色更深。

习性 | 生活于河溪、池塘、湖沼等浅水水域的中、下层及入湖溪流的水草丛中，喜潜伏于水底，以浮游动物、水生昆虫、小虾等为食。

圆尾斗鱼

Macropodus chinensis

鲈形目
斗鱼科
体长：50mm—120mm

*相遇日*__________

特征｜身体侧扁，呈长椭圆形，嘴巴短突且小，尾鳍圆形。身体暗褐色，有数条不明显的黑色纵纹，鳃后盖有一蓝色眼状斑块，眼后方与鳃盖间有两道暗褐色斜纹。

习性｜生活于湖泊、沟渠、稻田等静水环境中，喜欢隐藏于水草中，以各类水生昆虫为食。适应能力强，有鳃上器官，能辅助呼吸，吞吸空气。

食蚊鱼

Gambusia affinis

鳉形目
胎鳉科
体长：30mm—40mm

相遇日＿＿＿＿＿＿

特征 身体长形，略侧扁，背缘浅弧形，腹部圆凸。头短宽，吻短，眼大。雄性体型比雌性小得多。

习性 生活于湖泊、池塘、稻田、水渠、洼地等各类静水水体，集群游泳于水的表层，行动活泼、敏捷，以水生昆虫、虾等动物为食。属外来物种，对本地原生鱼有一定威胁。

桃花水母

Craspedacusta spp.

淡水水母目
笠水母科
体长：15mm—20mm

相遇日________

特征 体透明，微带乳白色。缘膜很厚，钟形身体的边缘有数百根短触手。有世代交替。螅形体高约 2 毫米，无触手，借出芽方式产生水母体。

习性 产于淡水，生活于人工湖、池塘、湖泊和河流。对水环境的要求极高，适宜生存的水域必须洁净、无毒无害，且多呈酸性。

南京丰年虫

Chirocephalus nankinensis

无甲目
丰年虫科
体长：10mm—20mm

相遇日____________

特征｜雄性体色淡绿，尾叉褐色；雌性背部呈深蓝色，卵囊呈红褐色，尾叉深红色。在水中游动时，常以腹面向上，状极美观。

习性｜广布在淡水环境中，南京丘陵山地的淡水池塘可以发现。

克氏原螯虾

Procambarus clarkii

十足目
螯虾科
体长：50mm—120mm

相遇日________

特征 甲壳坚硬，头胸部粗大，体红色，背部暗红色，幼虾体呈均匀的青灰色。触须3对，步足5对，前3对末端钳状，后两对末端爪状，尾扇形。

习性 原产北美的入侵生物，生活于溪流、池塘、水沟等环境中，适应能力强，在水质较差的沟渠中也能发现它们，善挖掘洞穴。食性杂，以藻类、鱼虾、底栖生物等为食，也取食动物尸体。

中华小长臂虾

Palaemonetes sinensis

十足目
长臂虾科
体长：20mm—50mm

相遇日____________

特征 身体较透明，体表青绿略带黄色。虾体上有 7 条棕色条纹，以第 3 腹节色最浓。尾末端有黑色斑点。

习性 生活在水草茂密的湖泊、池塘与河道中。食性杂，喜食小型动物或其尸体，也食水生植物或有机碎屑。性情较为温和。

戴氏新米虾

Neocaridina davidi

十足目
匙指虾科
体长：约 20mm

相遇日

特征 小型淡水虾，身体透明，有黑褐色斑点，可巧妙隐匿在水底环境中。繁殖期雌性腹部抱卵。

习性 生活在浅水区的水草丛中，或水质清澈的溪水缓流处，在石缝和水草上爬行。食性杂，主要以各种藻类和有机碎屑为食。

平原龙溪蟹
sinopotamon planum

十足目
溪蟹科
体长：30mm—50mm

相遇日______________

特征 | 头胸甲呈方圆形，两侧前部具有十多枚细密的小齿，表面稍微隆起，体色较暗淡，腹面洁白。

习性 | 生活在溪流、池塘等淡水水体附近，打洞穴居，或躲藏于溪流石下。取食水中的无脊椎动物和有机碎屑。

中华绒螯蟹

Eriocheir sinensis

十足目
弓蟹科
体长：24mm—54mm

相遇日＿＿＿＿＿＿

特征 | 头胸甲呈方圆形，后半部宽于前半部，背面隆起，额及肝区凹陷，胃区前面有6个对称的突起，各具颗粒。额宽，分4齿。螯足掌部内外缘密生绒毛。腹部退化为扁平的片状物，反折在胸部。

习性 | 栖息于有泥岸的洞穴。杂食性动物，以水生植物、虾、螺和水生昆虫等水生生物为食。

多足及其他生物类

Myriapods and other biological categories

笄蛭涡虫

Bipalium sp.

三肠目
笄蛭科
体长：20cm—60cm

相遇日________

特征 | 头部呈扇形，身体扁平不分节，两侧对称。背部黄色，有 5 条黑褐色细线贯穿全身。

习性 | 生活于阴暗潮湿的石块下、土壤里等环境中，一般雨后夜晚在路边及排水渠处能见到。捕食蚯蚓。有较强的再生能力。

铁线虫

Gordiacea spp.

铁线虫目
索虫科
体长：30cm—100cm

相遇日＿＿＿＿＿＿

特征 成虫线形，颜色变化很大，可呈黄、灰、棕或黑褐色；虫体前端钝圆，口位于头部顶端或前端腹面；体壁粗糙，虫体表面有许多小乳突，其体前端直到后端粗细几乎一致，细长且角皮较厚，弯曲时像铁丝。

习性 栖息在河流、池塘、湖泊、水沟等有水的地方。雌雄交配后，雌体将卵产在水中，并在水中孵化出幼虫。孵化的幼虫在水中被昆虫捕食后，便在其体内营寄生生活。

中华盾鞭蝎

Typopeltis sinensis

鞭蝎目

鞭蝎科

体长：30mm—50mm

相遇日________

特征 体黑灰色，须肢粗壮，强棘为主要捕食工具。步足细长，第1对步足特化为触觉工具，明显长于后3对，腹部末端有一细长的尾鞭。

习性 生活于林下落叶层、草丛、朽木下等环境中，夜晚常出现于树干上和道路上，行动敏捷，捕食昆虫、蜗牛等小动物。性情温顺，但受到攻击时，尾鞭基部会喷出含有浓烈醋酸味道的液体，对人体伤害不大，但需注意不能进入眼、口、鼻中。

少棘蜈蚣

Scolopendra subspinipes

蜈蚣目
蜈蚣科
体长：60mm—130mm

相遇日________

特征｜触角、头板及第 1 背板红色，其后背板黑褐色或墨绿色。每一体节有 1 对足，步足淡黄色，最后 1 对步足伸向后方，呈尾状，红色。

习性｜生活于阴暗潮湿的朽木、树洞及石缝等环境中，夜晚常出现在树干、灌木丛及地面落叶层处。捕食昆虫、蛙类等小型动物。本种颚肢内部有毒腺，毒性较强，性情凶猛，观察时注意保持适当距离，切勿捕捉。

大蚰蜒

Thereuopoda clunifera

蚰蜒目
蚰蜒科
体长：30mm—60mm

相遇日______________

特征 体型狭长，体表较光滑，头宽窄于腹部及尾宽，体背黑褐色，各节端部有两枚橙黄色斑并连。触角和步足均细长，步足灰褐色或黄褐色，自头部向后逐渐变长，近尾端的足最长。

习性 生活于阴暗潮湿的草地、朽木、石缝等环境中，有时进入室内。昼伏夜出，行动敏捷，捕食昆虫、蜘蛛等小动物，遇险时步足可脱落以逃生。有毒，观察时注意保持适当距离，切勿捕捉。

花蚰蜒

Thereuonema tuberculata

蚰蜒目
蚰蜒科
体长：约 25mm

*相遇日*____________

特征 | 体型相对短小，体表较粗糙，体背褐色，中央有一黑褐色纵纹，两侧有灰褐色及淡黄色斑纹。触角和步足均细长，步足褐色，有黄色、黑褐色环纹，自头部向后逐渐变长，近尾端的足最长。

习性 | 生活于阴暗潮湿的草地、朽木、石缝等环境中，有时进入室内。昼伏夜出，行动敏捷，捕食昆虫、蜘蛛等小动物，遇险时步足可脱落以逃生。有毒，观察时注意保持适当距离，切勿捕捉。

燕山蛩

Spirobolus bungii

山蛩目
山蛩科
体长：80mm—120mm

相遇日________

特征 身体圆筒形，全身黑色，颈板前后缘及背板后缘有金黄色的半圆环条纹。约自第 6 背板以后两侧开始有臭腺孔。

习性 生活于阴暗潮湿的林下落叶层、排水渠及草丛中，行动迟缓，以落叶、草根等腐殖质为食，有沿树干向上攀缘的习性。受到刺激后，侧身盘绕呈环状，并排出刺激性黄色液体，气味臭，无毒。

北京小直形马陆

Orthomorphella pekuensis

带马陆目
条马陆科
体长：30mm—35mm

相遇日________

特征 体黑色，两侧为黄色，较细长，前缘黑色，触角和足均为黑色。

习性 生活于阴暗潮湿的林下落叶层、老房屋墙缝、下水道等环境中，有时也出现于山道上。以落叶、草根等腐殖质为食。

爱国者腹马陆

Nedyopus patrioticus

带马陆目
条马陆科
体长：25mm—35mm

相遇日________

特征 背板前部黑色，后部及侧面橘红色或白色，触角黑褐色或黄褐色，足淡黄色。

习性 生活于阴暗潮湿的林下落叶层及水沟边，也会出现在山道上。以落叶、草根等腐殖质为食。

斯氏陇马陆

Kronopolites swinhoei

带马陆目
条马陆科
体长：25mm—35mm

相遇日______________

特征 背板前部黑色，后部红色，触角和足均为黑色。

习性 生活于阴暗潮湿的林下落叶层、树洞及石缝等环境中，也会出现在山道上。以落叶、草根等腐殖质为食。

寻常卷甲虫

Armadillidium vulgare

等足目
卷甲虫科
体长：8mm—18mm

相遇日

特征 体黑褐色，略带灰白色，背部隆起，较平滑。胸肢不甚长，腹部与胸部近宽，尾肢扁平，外肢与尾节嵌合齐平，内肢细小，被尾节掩盖。受惊扰时身体蜷曲成球形，因此也被叫作“西瓜虫”。

习性 既能生活于阴暗潮湿的环境中，也能适应相对干燥的环境。常聚集于林下落叶层、树干缝隙、石头及朽木下，在花盆中也能发现。以植物嫩叶和枯叶枯草等腐殖质为食。

半突气肢虫
Trachelipus semiproiectus

等足目
气肢虫科
体长：6mm—11mm

*相遇日*______________

特征 | 体黑褐色，胸部每一节上有多个近长方形的橙黄色斑纹，每一节尾节突出，较钝，超过尾肢外肢基节。

习性 | 生活于阴暗潮湿的林下落叶层、树干缝隙、石头及朽木下等环境中。以植物嫩叶和枯叶枯草等腐殖质为食。

硬体盲蛛
Sclerosomatidae spp.

盲蛛目
硬体盲蛛科
体长：约 5mm

相遇日________

特征 | 体小，整体呈椭圆形，头胸部和腹部愈合，无明显分节，背部金属绿色。步足细长，其中第 2 对步足特化为触觉工具，明显长于其余 3 对。

习性 | 生活于林下落叶层、树洞、石缝、墙角等环境中，有群居习性。夜晚常出现于树干上和草丛中，取食小型节肢动物，遇险时步足可脱落以逃生。

蜘蛛类
Spiders

机敏异漏斗蛛

Allagelena difficilis

蜘蛛目
漏斗蛛科
体长：5mm—11mm

相遇日______________

特征 身体黄褐色，背面有 1 对深褐色较粗的纵纹。步足褐色，有深褐色环纹。腹部呈卵圆形，为黄褐色。背面有 4 个浅黄色的“人”字形斑纹，依次向后排列。

习性 通常在公园灌木丛处结漏斗状网，漏斗底部有时有一卷起来的枯叶，遇到危险便会躲进枯叶中。

卡氏长隙蛛

Longicoelotes karschi

蜘蛛目
漏斗蛛科
体长：雌蛛 17mm—18mm
雄蛛 12mm—13mm

相遇日＿＿＿＿＿＿

特征 雄蛛背甲褐色，具大量灰黑色斑纹，步足灰黑色，细长多毛，腹部卵圆形，背部灰褐色，具大量黑色纹，心脏斑明显，披针形；雌蛛背甲灰黑色，放射沟明显，步足灰褐色，细长多毛，具刺，腹部卵圆形，后部有 3 个“人”字形斑纹。

习性 常在土坡或岩壁的缝隙中结漏斗状网。

♀

阴暗拟隙蛛

Pireneitega luctuosa

蜘蛛目
漏斗蛛科
体长：8mm—13mm

相遇日

特征 | 雄蛛背甲、步足暗黄褐色，眼区及两侧褐色。步足多黑色细刺。腹部卵圆形，腹部背面黑褐色，隐约可见 4 个“人”字形暗黄色斑纹，两侧有许多不规则浅色斑纹。雌蛛颜色较浅，其余特征相似。

习性 | 喜欢在人类房屋附近生活，通常在墙角、石块底下或缝隙处结漏斗状网。

带旋隙蛛

Spiricoelotes zonatus

蜘蛛目
漏斗蛛科
体长：6mm—8mm

相遇日________

特征 背甲灰色，头部颜色略深，颈沟和放射沟明显，黑色。螯肢及触肢深褐色。步足灰褐色，被白色短毛。腹部卵圆形，腹部背面灰黑色，心脏斑黄褐色，后部有 4 个“人”字形斑纹。

习性 喜欢在人类活动区域结网，通常在墙角、石块底下或缝隙处结漏斗状网。

黄斑园蛛

Araneus ejusmodi

蜘蛛目
园蛛科
体长：4mm—9mm

*相遇日*__________

特征 背甲黑褐色，步足红褐色，节间黑褐色。腹部卵圆形，腹部背面中央有 3—4 个近似倒三角形的黄白色斑纹，这些斑纹被外部的黑褐色斑纹包围、隔断。

习性 常在公园绿地、山区路边的树木和灌木丛中结中大型圆网。

大腹园蛛

Araneus ventricosus

蜘蛛目
园蛛科
体长：17mm—29mm

*相遇日*__________

特征 不同个体身体颜色常有变化，一般呈黑灰褐色。步足粗壮，有黑褐色环纹，腹部背面叶状斑明显，前段宽，边缘呈弯曲带状。

习性 常在房屋屋檐下、公园绿地树上结大型圆网。

五纹园蛛

Araneus pentagrammicus

蜘蛛目
园蛛科
体长：6mm—10mm

相遇日________

特征 | 背甲黄褐色，步足青绿色，有黑褐色环纹和黑色细刺。腹部卵圆形，腹部背面由前向后呈白色、白绿色，后半部有 5 条黑褐色横纹。

习性 | 生活于树林及果园，在树丛中结大型圆网，常在网边缘的绿叶上做一个隐蔽所，白天藏于其中，傍晚外出捕食。

悦目金蛛

Argiope amoena

蜘蛛目
园蛛科
体长：雌蛛 19mm—23mm
雄蛛 5mm—8mm

相遇日＿＿＿＿＿＿

特征 | 雌蛛背甲黑褐色，布满白毛，前两对足有灰白色环纹。腹部肩角隆起，腹部背面有 3 道相间的白色和褐色横纹，其中后两道白色横纹还带黄色，最后一道褐色横纹覆盖腹部后端。雄蛛体小。

习性 | 常在向阳灌木丛中、稻田周围上方结大型圆网，网上有形似字母“W”和“M”的白色加粗丝带。雄蛛因体小且一般处于网的边缘，不易被发现。

小悦目金蛛

Argiope minuta

蜘蛛目
园蛛科
体长：雌蛛 6mm—12mm
雄蛛 约 5mm

*相遇日*____________

特征 | 背甲黄褐色，布满白色绒毛，步足褐色，有深色环纹。腹部前端平直，肩角隆起，腹部背面有 3 道黄白相间的横纹，还有两道较粗的黄褐色横纹，后一道黄褐色横纹覆盖整个腹部后端。雄蛛体小，背甲黄褐色，腹部灰白色。

习性 | 常在向阳灌木丛中、稻田周围上方结大型圆网，网形与悦目金蛛相似，网上有形似字母“W”和“M”的白色加粗丝带。

叶斑八氏蛛

Yaginumia sia

蛛蛛目
园蛛科
体长：4mm—12mm

相遇日____________

特征 背甲黑褐色，头部隆起，覆盖稀疏白色长毛。步足黄褐色，有黑褐色环纹，多毛多刺。腹部卵圆形，灰白色，正中有一个深色的叶状斑。

习性 常在房屋附近及公园栈道的围栏缝隙中结中小型圆网。

类青新园蛛

Neoscona scylloides

蜘蛛目
园蛛科
体长：6mm—10mm

相遇日 ____________

特征 背甲黄褐色，布满灰白色绒毛。步足黄褐色，有褐色环纹。腹部翠绿色，腹部前端有 1 条向两侧延伸的黄色弧形斑纹，腹部背面有多个黄色小斑点。

习性 常生活于树林及果园，在灌木丛中结中型圆网。

梅氏新园蛛

Neoscona mellotteei

蜘蛛目
园蛛科
体长：5mm—8mm

*相遇日*______

特征 | 背甲褐色，布满银白色绒毛。步足褐色，有黑褐色环纹，多刺。腹部背面青绿色或黄绿色，有数个对称排列的小斑点。腹部两侧黄褐色，而近似的类青新园蛛则为青绿色，可依此区分。

习性 | 生活于树林中，在树杈间或灌木丛中结中型圆网。

丰满新园蛛

Neoscona punctigera

蜘蛛目
园蛛科
体长：6mm—10mm

相遇日______________

特征 背甲红褐色，步足红褐色，多细刺。腹部卵圆形，背面黄褐色，多有 4—5 对对称排列的细斜纹和小黑斑。

习性 生活于森林边缘及农田，在树丛间结大型圆网。

银背艾蛛

Cyclosa argenteoalba

蜘蛛目
园蛛科
体长：4mm—6mm

相遇日__________

特征 背甲黑色，有光泽，步足黄褐色，有黑褐色环纹。腹部长卵形，腹部背面有大型银白色鳞斑，腹部前半部分较少区域呈黑色。

习性 生活于树林中，在灌木丛中结小型圆网。

八瘤艾蛛

Cyclosa octotuberculata

蜘蛛目
园蛛科
体长：8mm—14mm

相遇日____________

特征 雌蛛背甲深黑色，有白色粗绒毛，步足褐色，有黑褐色环纹，腹部背面褐色，有 8 个角状突起。雄蛛颜色相对较深，全身以黑褐色为主。

习性 生活于树林中，结小型圆网，蜘蛛常居网中央,外观色泽与纵带一致，故不易被发现。

蟾蜍曲腹蛛

Cyrtarachne bufo

蜘蛛目
园蛛科
体长：8mm—10mm

*相遇日*______________

特征 背甲黄褐色，有小瘤突。步足淡黄色，具黄色小刺。腹部呈倒三角形，前段中央有 3 个较大的肌斑，腹部背面白色。肩部稍隆起，黑褐色，形成左右对称的圆形斑纹。

习性 生活于树林中，在树杈间或灌木丛中结小型圆网。

库氏棘腹蛛

Gasteracantha kuhli

蜘蛛目
园蛛科
体长：5mm—8mm

*相遇日*____________

特征 | 头、胸部呈矩形，背甲黑褐色，步足棕褐色，有黄褐色环纹。腹部覆盖背甲的大部分，腹部背面呈淡黄白色，有相互对称的多个黑色斑点，但不同个体的斑点形状和大小均有变化。边缘长有 3 对棘刺，黑褐色，呈锥形。

习性 | 生活于树林中，在树杈间或灌木丛中结中型圆网。

黄金拟肥蛛

Larinia argiopiformis

蛛蛛目
园蛛科
体长：5mm—12mm

相遇日____________

特征 | 背甲黄褐色，步足浅褐色，多刺，细弱。腹部近圆柱形，背面有多条黄色、红褐色及浅褐色的纵条纹，还有两排对称排列的小黑斑。

习性 | 生活于低矮草丛中，结小型圆网，白天常躲在叶背面。

斑管巢蛛

Clubiona deletrix

蜘蛛目
管巢蛛科
体长：5mm—12mm

*相遇日*__________

特征 | 背甲黄褐色或红褐色，头部暗红色至黑褐色。步足浅黄褐色，有褐色环纹，多黑色细刺。腹部卵圆形，腹部背面呈淡黄褐色，有大小不一的黑褐色斑纹。

习性 | 多生活在落叶层中，有时在叶片上造 2—3 层蛛丝的管状巢，白天隐于巢内，夜晚外出觅食。

刺突蛛
Spinipalpus sp.

蜘蛛目
圆颚蛛科
体长：9mm—12mm

相遇日________

特征 背甲黑色，头部稍隆起，螯肢粗壮，步足红褐色，腿节处黑色。腹部卵圆形，背面中央有白色纵向斑纹，斑纹两侧黑褐色。

习性 生活于树林中，常出现在树干上和地面上。

田野阿纳蛛

Anahita fauna

蜘蛛目
栉足蛛科
体长：5mm—9mm

*相遇日*____________

特征 雄蛛背甲中部有 1 条淡黄色纵带，两侧褐色，边缘具黑褐色纹，眼区具白毛。触肢和步足浅褐色，多刺。腹部卵圆形，密被黄色毛，心脏斑明显，其后有数对黑点。雌蛛体色较雄蛛深。

习性 夜行性、游猎型，通常在草地中捕猎。

赫氏苏蛛
Sudesna hedini

蜘蛛目
卷叶蛛科
体长：3mm—4mm

*相遇日*________

特征 雄蛛背甲黑红色，头区隆起，黄褐色，密被白毛，步足黄白色，多毛，腹部白色，具褐色斑纹，肌斑明显。雌蛛稍大，整体白色，眼睛透明如水滴，头区两侧具褐色纵纹，步足色浅，多毛，腹部肥圆，具 1 个褐色小斑和 1 个黑色大斑。

习性 在低矮的灌木丛叶片背面结网，等待猎物。

亚洲狂蛛

Zelotes asiaticus

蜘蛛目
平腹蛛科
体长：5mm—7mm

相遇日____________

特征 背甲黑亮色，步足黑色，多毛多刺。腹部卵圆形，黑色，布满白色毛。

习性 游猎型，常在地面上活动，行动迅速。

拟环纹豹蛛

Pardosa pseudoannulata

蜘蛛目
狼蛛科
体长：8mm—14mm

*相遇日*__________

特征 头胸部正中斑黄色，两侧黑褐色，背甲边缘白色。步足青褐色，腹部椭圆形，呈黄褐色，腹部背面有 3 对小黑斑。

习性 游猎型，生活于水稻田、池塘边的草丛中，行动敏捷，捕食蛾类、蝗虫等昆虫。遇到危险时会逃到周围水面或水底。有自残习性，会食用自产的未受精卵袋。

突腹拟态蛛

Mimetus testaceus

蜘蛛目
拟态蛛科
体长：约 7mm

相遇日______________

特征 雄蛛背甲黄褐色，具黑色斑点状不规则纵纹，头区稍突出。步足浅褐色，有黑斑和环纹。腹部近圆形，腹部背面褐色，中部具 1 对黑色突起，心脏斑白色。

习性 生活在低矮的灌草丛中，捕猎对象为园蛛与球蛛。

棒毛络新妇

Nephila clavata

蜘蛛目
络新妇科
体长：雌蛛 20mm—25mm
雄蛛约 6mm

*相遇日*__________

特征 雌蛛背甲黑褐色，布满银灰色绒毛，步足黑色，有黄色环纹，腹部圆筒形，黄色与青绿色斑纹相间，成熟雌蛛纺器周围有艳丽的红色斑纹。雄蛛体小，颜色暗淡，背甲和腹部均以黄褐色为主，步足黑褐色，有黄褐色环纹。

习性 常见于树林中，在树木间和灌木丛中结大型圆网，圆网周围还有不规则的小网黏附。

北国壁钱
Uroctea lesserti

蜘蛛目
拟壁钱科
体长：8mm—11mm

相遇日________

特征 | 背甲红褐色，头胸部较小，步足浅褐色。腹部黑色，腹部背面有 7 个白斑，前 6 个呈对称排列，最后 1 个位于腹部末端。

习性 | 生活于房屋内和砖石下，在老住宅墙壁、屋角及砖石缝隙内，结扁圆如钱币的白色网，躲藏于网中，捕食路过的昆虫、马陆等小型无脊椎动物。

斜纹猫蛛

Oxyopes sertatus

蜘蛛目
猫蛛科
体长：8mm—11mm

相遇日____________

特征 | 背甲浅褐色，中间有数条橙色条纹，步足绿褐色，有长刺。腹部筒形，末端尖细，腹部背面橙色，有白色纵纹及斜纹。

习性 | 游猎型，多生活于林间低矮灌木丛和草丛中，行动迅速，被发现时常躲藏于叶背面。

刺跗逍遥蛛

hilodromus spinitarsis

蜘蛛目
逍遥蛛科
体长：5mm—8mm

*相遇日*__________

特征 体型扁平，头胸部较宽，背甲褐色，布满白毛，步足灰褐色，有黑色环纹，有壮刺且布满白毛。腹部卵圆形，腹部背面灰褐色，末端白色。

习性 多生活于树木的树干上，颜色与树皮近似，不易被发现。

掠狡蛛

Dolomedes raptor

蜘蛛目
盗蛛科
体长：约 25mm

*相遇日*____________

特征 背甲深褐色，正中有 1 条黄褐色细纵纹，另有数条黄褐色斜纹。步足粗长，呈褐色，有黑色环纹。腹部卵圆形，腹部背面深褐色，有 1 块菱形的黑色大斑。

习性 游猎型，多在溪流、池塘等水边活动，捕食水生昆虫、鱼、虾等。

黑斑狡蛛

Dolomedes nigrimaculatus

蜘蛛目
盗蛛科
体长：13mm—20mm

相遇日________

特征 雄蛛背甲白色，外缘黑色，后部具黑斑，步足黑褐色，腹部卵圆形，腹部背面褐色，前段两侧具 1 对黑斑，中部具白色斑。雌蛛体型稍大，背甲褐色，后部具黑斑，步足褐色，密被短毛，腹部卵圆形，腹部背面深褐色，前端两侧具 1 对黑色斑。

习性 游猎型，多在溪流、池塘等水边活动，捕食水生昆虫、鱼、虾等。

黄褐狡蛛
Dolomedes sulfureus

蜘蛛目
盗蛛科
体长：12mm—17mm

相遇日______________

特征 | 背甲红褐色，中部颜色较深，步足和腹部均为红褐色，腹部筒形，有不明显的“八”字纹，隐约可见白色斑点。

习性 | 游猎型，多在水边活动，捕食水生昆虫、鱼、虾等。

锚盗蛛
Pisaura ancora

蜘蛛目
盗蛛科
体长：约 9mm

相遇日______________

特征 背甲灰色，具 1 条褐色细纵纹，步足灰褐色，密被短毛，具浅褐色环纹。腹部筒状，呈灰色，末端尖，具有数条“人”字形褐色斑，有些个体腹部具黑色眼斑。

习性 游猎型，多生活在灌木丛和草丛中。

黑猫跳蛛

Carrhotus xanthogramma

蜘蛛目
跳蛛科
体长：约 7mm

*相遇日*____________

特征 背甲黑色或褐色，外缘黄褐色，眼部周围橙色，步足黄褐色。腹部背面黑色，布满橙色毛，有数对“八”字形斑纹。

习性 游猎型，多在低矮灌木丛和草丛中活动，主要捕食各类双翅目昆虫。

白斑猎蛛

Evarcha albaria

蜘蛛目
跳蛛科
体长：约 7mm

相遇日______

特征 | 背甲褐色，前缘白色，中后部有 1 对黄斑，步足褐色，有浅褐色环。腹部圆筒形，呈黄褐色。

习性 | 生活于灌木丛和草丛中。

吉蚁蛛
Myrmarachne gisti

蜘蛛目
跳蛛科
体长：约 7mm

相遇日________

特征 体型近似蚂蚁。背甲较长，呈黑色，中部缢缩。螯肢长，前 2 对步足棕色，后 2 对步足主要呈黑色，较长。腹柄较长，腹部黑色，呈长筒形，中部缢缩。

习性 生活于低矮的灌木丛中。

蓝翠蛛

Siler cupreus

蜘蛛目
跳蛛科
体长：5mm—6mm

相遇日________

特征 | 雄蛛背甲黑色，布满蓝绿色鳞状毛，外缘蓝色，腹部卵圆形，呈蓝色，有黑色横斑。雌蛛体色较雄蛛暗淡，其余特征类似雄蛛。

习性 | 生活于低矮的灌木丛中。

天童奥利蛛

Olios tiantongensis

蛛蛛目
巨蟹蛛科
体长：约 9mm

相遇日＿＿＿＿＿＿

特征｜背甲黄褐色，布满毛，步足长，有稀疏的黑色壮刺和白色细毛。腹部背面黄褐色，中央有一褐色纵纹，纵纹两侧有两对深色斑点，后部有褐色“人”字形斑纹。

习性｜生活于灌木丛和草丛中。

西里银鳞蛛

Leucauge celebesiana

蜘蛛目
肖蛸科
体长：4mm—10mm

*相遇日*______

特征 | 雌蛛背甲黄灰色，中窝浅，周围及外缘绿色，步足绿色，腹部银色，中部有 1 条黑色具分支的细纹，侧缘有 2 对黄纵纹，黄纹内有黑色纵纹。雄蛛背甲黄褐色，外缘浅黑色，步足黄绿色，腹部斑型似雌蛛。

习性 | 生活在溪流、池塘边等潮湿的灌草丛中，结圆形网。

鳞纹肖蛸

Olios tiantongensis

蜘蛛目
肖蛸科
体长：4mm—6mm

相遇日 ______________

特征 背甲绿色，螯肢膨大，步足细长，呈绿色。腹部筒形，呈黄绿色，中部有一褐色纵纹，周围有密集的鳞状斑纹。

习性 常在灌木丛及草丛中活动，结中型圆网。

华丽肖蛸

Tetragnatha nitens

蜘蛛目
肖蛸科
体长：8mm—11mm

相遇日________

特征 背甲黄褐色，中窝较深，螯肢膨大，步足细长，呈黄褐色。腹部筒形，有1对褐色纵纹，纵纹间有细碎的鳞状斑纹。

习性 生活于水边的树木间和草丛间，结中型圆网。

近亲丘腹蛛

Episinus affinis

蜘蛛目
球蛛科
体长：约 6mm

*相遇日*______________

特征 背甲褐色，中央具 1 条“丫”字形纵带，外缘黑色，亚外缘有黑色带状斑。腹部灰绿色，有红褐色叶状斑纹，以心脏斑为中轴线左右对称，似人肺形，外缘白色，末端有黑色“八”字形纹。

习性 生活在树林里，在树干间结不规则网。

筒蚓腹蛛

Ariamnes cylindrogaster

蜘蛛目
球蛛科
体长：21mm—27mm

相遇日______________

特征 | 颜色多变，呈绿色至深褐色。腹部细长，形似蚯蚓，步足细长，停歇时步足合拢贴紧身体，拟态树枝。

习性 | 生活在树林中，会在树木间结 1 个较大而简单的网，捕食路过的猎物。

温室拟肥腹蛛

Parasteatoda tepidariorum

蜘蛛目
球蛛科
体长：3mm—8mm

相遇日________

特征 背甲褐色，步足褐色，具黑褐色环纹。腹部球形，呈棕色，背部隆起，侧面有不规则的深色斑纹。

习性 生活于树林中，在树枝间和建筑物栏杆间结球状网，网丝杂乱。

圆尾银板蛛

Thwaitesia glabicauda

蜘蛛目
球蛛科
体长：3mm—6mm

相遇日________

特征 | 雄蛛背甲梨形，呈浅褐色，从中窝至末端有 1 条黑色纵纹斑，步足黄褐色，多毛。腹部球形，呈银白色，正中央具褐色纹。雌蛛近似雄蛛，腹部正面有 1 对红色纵条纹连接 4 对黑斑。

习性 | 生活在树林、灌木丛间，在叶间织球状巢。

珍珠银板蛛

Thwaitesia margaritifera

蜘蛛目
球蛛科
体长：3mm—6mm

相遇日________

特征 雄蛛背甲梨形，呈乳黄色，从中窝到头区有 1 条黑色纵斑，背甲后侧边缘有 1 对黑色斑。步足较长，呈乳黄色，多毛，具黑色环纹，触肢较长。腹部球形，上有黑色及褐色斑。雌蛛腹部近似锥形，呈黄褐色，有大量黄白色鳞状斑。

习性 生活在树林、灌木丛间，在叶间织球状巢。

半月肥腹蛛

Steatoda cingulata

蜘蛛目
球蛛科
体长：5mm—7mm

相遇日______

特征 背甲黑色，呈梨形，放射沟明显。腹部卵圆形，呈黑色，前端有 1 个黄色月形斑纹。

习性 生活在石块下，结球状网。

日本公主蛛

Nihonhimea japonica

蜘蛛目
球蛛科
体长：2mm—5mm

相遇日______________

特征 | 雌蛛头胸部黄褐色至灰褐色，腹部暗褐色至暗灰褐色，中央有1枚红色的心形或椭圆形的斑纹，左右各有1条白色弧状内凹的线斑。雄蛛体色与形态近似雌蛛，但腹部稍长。

习性 | 生活于树林中，在枝干间结不规则网，网内会垂挂枯叶为巢，藏身其中。

三突伊氏蛛

Ebrechtella tricuspidatus

蜘蛛目
蟹蛛科
体长：3mm—7mm

相遇日________

特征 | 背甲绿色，步足绿色，有黑刺，前两对步足较长。腹部背面黄色或白色，斑纹变化较大。

习性 | 生活于低矮灌木丛和草丛中，常躲藏于花瓣间和叶子上，伺机捕食各种小型昆虫。

角红蟹蛛

Thomisus labefactus

蜘蛛目
蟹蛛科
体长：3mm—9mm

相遇日＿＿＿＿＿＿

特征 雌蛛背甲近方形，呈白色、黄色或浅灰色，眼部有一倒三角形棕红色斑块。步足和背甲颜色相近，前两对步足较长。腹部近梯形，呈白色或黄色，后两侧略微隆起。雄蛛体型小，主要呈棕褐色。

习性 生活于低矮灌木丛和草丛中，常躲藏于花瓣间和叶子上，伺机捕食各种昆虫。

波纹花蟹蛛

Xysticus croceus

蜘蛛目
蟹蛛科
体长：3mm—10mm

相遇日

特征｜雌蛛背甲黄褐色，两侧各有一深色纵带，步足黄褐色，前两对步足较长，腹部后半部较前半部宽，背面棕褐色，有黑褐色斑纹，腹侧颜色较浅。雄蛛背甲黑色，中间有浅色心形斑纹，前两对步足腿节黑色，后两对步足黄褐色。

习性｜生活于低矮灌木丛和草丛中，常躲藏于花瓣间和叶子上，伺机捕食各种昆虫。

不丹绿蟹蛛

Oxytate bhutanica

蜘蛛目
蟹蛛科
体长：6mm—10mm

*相遇日*______________

特征 | 背甲淡褐色，边缘有青绿色波状纹，中央有青绿色纵纹，纵纹两侧各有一红色斑点。步足淡绿色，前两对步足较长。腹部细长，腹部背面淡绿色，有淡黄色横纹及斜纹，另外有数对褐色斑点。

习性 | 生活于低矮灌木丛和草丛中，常躲藏于叶子上，伺机捕食各种昆虫。

东方长妩蛛
Miagrammopes orientalis

蜘蛛目
妩蛛科
体长：约 5mm

*相遇日*______________

特征 背甲褐色，近似方形。步足褐色，腹部筒形，呈褐色，前段向前伸长，盖住一部分头胸部，末端向上突起。雌蛛体型稍大于雄蛛。

习性 生活在树林中，在叶间结一根丝，在丝上等待捕食。

昆虫类
Insects

黑纹伟蜓

Anax nigrofasciatus

蜻蜓目
蜓科
体长：75mm—80mm

*相遇日*____________

特征 | 整体偏黑色。雄虫复眼青蓝色，面部黄绿色，额顶有黑色T形斑，合胸黄绿色，侧面有黑色斜纹，腹部黑色，有蓝色斑点，第2腹节蓝色。雌虫多型，按照腹部第2节色彩可分为蓝色型、绿色型和黄色型。

习性 | 生活于山间水草茂盛的水库、池塘、水田等静水环境，雄虫常沿着水边绕圈巡飞，很少停歇。

碧伟蜓

Anax parthenope

蜻蜓目

蜓科

体长：73mm—78mm

*相遇日*__________

特征 | 整体偏绿色。雄虫复眼绿色，面部黄绿色，合胸绿色，翅稍染黄褐色，第 2 腹节蓝色，其余各节背面黑褐色，侧面黄褐色。雌虫，按照腹部第 2 节色彩可分为蓝色型、绿色型和黄色型，其余腹部各节为红褐色。

习性 | 生活于山间水草茂盛的水库、池塘、水田等静水环境，雄虫常沿着水边绕圈巡飞。

日本长尾蜓

Gynacantha japonica

蜻蜓目
蜓科
体长：68mm—76mm

相遇日______________

特征 | 雄性复眼深蓝色，面部黄褐色，额部有 1 个“T”形斑，胸部绿色，翅透明，腹部黑褐色，具黄绿色条纹及斑点。雌性多型，有绿色型和蓝色型。

习性 | 生活于浅水池塘、季节性水塘、水稻田和狭窄的林荫小溪等环境。

福临佩蜓

Periaeschna flinti

蜻蜓目
蜓科
体长：63mm—65mm

相遇日________

特征 雄性复眼绿色，面部黄褐色，前额有 1 个甚大的黑色斑，胸、腹黑褐色，肩前条纹较宽阔，合胸侧面具 2 条苹果绿色条纹，足黑色，翅透明。雌性色彩较淡，条纹为黄色。

习性 生活于植被茂盛的山区小溪和沟渠等环境。

大团扇春蜓

Sinictinogomphus clavatus

蜻蜓目
春蜓科
体长：69mm—71mm

相遇日____________

特征 | 体型粗壮，雄虫复眼黄绿色，合胸黄色，有黑色斜纹，各足腿节黄色，腹部黑色，背面有黄色斑纹，第8腹节侧缘如圆扇状，圆扇内部黄色，边缘黑色。雌虫与雄虫相似，但圆扇内部黄斑较小。

习性 | 生活于丘陵、平原地区的湖泊、水库、池塘等静水环境。

霸王叶春蜓

Ictinogomphus pertinax

蜻蜓目

春蜓科

体长：68mm—72mm

相遇日 ____________

特征 | 雄虫复眼黄绿色，合胸黄色或黄绿色，有黑色斜纹，足全黑色，腹部黑色，背面有黄色斑纹，第 8 腹节侧缘扩大，如圆扇状，扇状突起较大团扇春蜓的小，扇区完全黑色。雌虫与雄虫相似。

习性 | 生活于丘陵、平原地区的湖泊、池塘及流速缓慢的河流等环境中。

野居棘尾春蜓

Trigomphus agricola

蜻蜓目
春蜓科
体长：42mm—45mm

相遇日________

特征 | 雄虫复眼蓝色，面部大面积黄色，头顶黑色，背条纹与领条纹相连，腹部黑色具黄白色斑。雌虫整体呈黑色，具黄斑。

习性 | 生活于池塘和流速缓慢的溪流环境中。

交配中

长腹春蜓

Gastrogomphus abdominalis

蜻蜓目
春蜓科
体长：62mm—66mm

*相遇日*__________

特征 雄虫复眼绿色，面部黄色，胸部黄色，背面有黑色条纹，腹部黄色，侧面具黑色条纹，足黄色具黑色条纹。雌虫与雄虫相似。

习性 生活于池塘和流速缓慢的溪流环境中。长腹春蜓属为中国特有属。

李氏赤蜻
Sympetrum risi

蜻蜓目
蜻科
体长：37mm—45mm

相遇日________

特征 | 雄虫面部黄色，胸部黄褐色，侧面具黑色条纹，翅透明，端部具褐斑，腹部红色，侧缘具黑色斑纹。雌虫多型，腹部红色或黄色。

习性 | 生活于湖泊、池塘等多种类型的湿地环境中。

红蜻

Crocothemis servilia

蜻蜓目

蜻科

体长：40mm—44mm

*相遇日*____________

特征 | 刚羽化时，雌雄个体都为金黄色。成熟后，雄虫面部、复眼、合胸和腹部均为赤红色，翅基部有红斑，腹部背面中部有黑色细纵纹。雌虫复眼黄褐色，合胸及腹部黄色，翅基部淡黄色，腹部背面的黑色纵纹比雄虫更粗。

习性 | 生活于水草茂盛的湖泊、池塘、水田等静水环境中，分布广泛。

刚羽化时的成虫

黄蜻

Pantala flavescens

蜻蜓目

蜻科

体长：49mm—50mm

相遇日 ______________

特征 | 雄虫复眼上部红褐色，下部蓝灰色，合胸黄褐色，翅透明，腹部背面橙红色，有黑褐色斑纹。雌虫整体呈黄褐色，颜色较淡。

习性 | 生活于湖泊、池塘、水田、沟渠、溪流等环境，分布广泛，十分常见。夏季午后飞翔于空中，数量极大，夜晚停歇在植物茎叶上。

黄翅蜻

Brachythemis contaminata

蜻蜓目
蜻科
体长：27mm—31mm

相遇日____________

特征 雄虫复眼棕褐色，合胸黄褐色，隐约有纵纹，翅膀大面积橙黄色，仅端部透明，腹部橙红色，背面有较淡的褐色细纹。雌虫整体呈淡黄褐色，翅膀透明。

习性 生活于湖泊、池塘、水田等静水环境。

♂

♀

白尾灰蜻

Orthetrum albistylum

蜻蜓目

蜻科

体长：50mm—56mm

相遇日 ____________

特征 | 雄虫复眼蓝色，合胸黄褐色，侧面有淡褐色或黑褐色斜纹，腹部第1—6节有蓝白色粉，其余各节黑色。雌虫复眼绿色，合胸和腹部主要为黄褐色。

习性 | 生活于湖泊、池塘、水田等静水环境，以及流速缓慢的溪流边。

♀

狭腹灰蜻

Orthetrum sabina

蜻蜓目
蜻科
体长：47mm—51mm

*相遇日*__________

特征 | 雄虫复眼绿色，合胸黄绿色，有黑褐色斜纹，腹部第 1—3 节膨大，呈黄绿色，第 7—9 节稍微膨大，呈黑色，其余各节较细，有黑、白色斑纹。雌虫和雄虫相似，但腹部较粗。

习性 | 生活于湖泊、池塘、水田、沟渠等静水环境，以及流速缓慢的溪流边。

鼎脉灰蜻

Orthetrum triangulare

蜻蜓目
蜻科
体长：45mm—50mm

*相遇日*__________

特征 | 雄虫复眼蓝黑色，合胸黑褐色，翅膀透明，后翅基部有小块黑褐色斑纹，腹部黑色，第 2—6 节及第 7 节前半部分被蓝白色粉霜。雌虫黄褐色而具褐色条纹，腹部第 8 节侧面有片状突起。

习性 | 生活于湖泊、池塘、水田、沟渠等静水环境，以及流速缓慢的溪流边。

♂

异色灰蜻
Orthetrum melania

蜻蜓目
蜻科
体长：51mm—55mm

相遇日____________

特征 雄虫复眼蓝黑色，头部黑褐色，合胸及腹部被蓝灰色粉霜，翅膀透明，翅基部褐色斑同样被蓝灰色粉霜，腹部末端黑色。雌虫复眼上部红褐色，下部蓝灰色，合胸、腹部及翅基部均为黄色，胸部和腹部有黑色条纹，腹部第8节侧面有片状突起。

习性 生活于湖泊、池塘、沟渠等静水环境，以及溪流、深潭边。

交配中

赤褐灰蜻
Orthetrum pruinosum

蜻蜓目
蜻科
体长：46mm—50mm

相遇日____________

特征 | 雄虫复眼蓝黑色，面部和合胸红褐色，翅膀透明，后翅基部有小黑斑，腹部紫红色。雌虫整体呈黄褐色，有褐色条纹，腹部第 8 节侧面有片状突起。

习性 | 生活于山区池塘、沟渠、水田等静水环境，以及流速缓慢的溪流边。

♂
交配中

锥腹蜻

Acisoma panorpoides

蜻蜓目
蜻科
体长：25mm—28mm

*相遇日*__________

特征 | 雄虫复眼蓝色，合胸淡蓝色，有许多黑褐色斑纹，腹部淡蓝色和黑褐色相间，前半部膨胀，后半部缩小，呈长锥状。雌虫复眼上部红褐色，下部青绿色，身体主要为黄褐色，有黑色斑纹。

习性 | 生活于水草茂盛的湖泊、池塘、沼泽和水田等环境中，飞行能力不强。

闪绿宽腹蜻

Lyriothemis pachygastra

蜻蜓目
蜻科
体长：32mm—35mm

*相遇日*________

特征 | 雄虫复眼棕褐色，额部有深蓝色金属斑，合胸黑褐色，稍染蓝色粉霜，腹部较扁平，黑褐色，被深蓝色粉霜。雌虫复眼上部红褐色，下部淡黄色，整体以黄褐色为主，有黑褐色条纹。

习性 | 生活于水草茂盛的湖泊、池塘、农田、沼泽等环境中。

♀

蓝额疏脉蜻

Brachydiplax flavovittata

蜻蜓目
蜻科
体长：30mm—40mm

相遇日＿＿＿＿＿＿

特征 雄虫复眼上部棕褐色，下部黄绿色，额部有一金属蓝色斑，合胸背面被蓝白色粉霜，侧面黄色，有黑褐色条纹，腹部第1—6节被蓝白色粉霜，其余各节黑色。雌虫整体颜色呈黄黑相间。

习性 生活于植物茂盛的湖泊、池塘、沼泽等静水环境中。

♂

♀

异色多纹蜻

Deielia phaon

蜻蜓目
蜻科
体长：40mm—42mm

相遇日________

特征 | 雄虫复眼上部棕褐色，下部黄绿色，合胸淡蓝灰色，侧面有黄色和黑色条纹，翅膀透明，腹部被蓝白色粉霜。雌虫多型，有蓝色型、褐斑型和橙色型。橙色型身体黄色，有黑色条纹，翅橙红色。

习性 | 生活于水草茂盛的湖泊、池塘、水田等环境中。

♂

玉带蜻

Pseudothemis zonata

蜻蜓目

蜻科

体长：44mm—46mm

*相遇日*________________

特征 | 雄虫复眼上部棕褐色，下部黄绿色，额部白色，合胸黑褐色，翅膀透明，翅基部有黑褐色斑纹，腹部第 2—4 节白色，形似玉带，其余黑色。雌虫腹部第 2—4 节黄色，第 5—7 节侧面有黄色斑纹。

习性 | 生活于水底有机质沉积较多的湖泊、水库和池塘等大面积静水环境周围，夜晚常在树枝上停歇。

晓褐蜻

Trithemis aurora

蜻蜓目
蜻科
体长：33mm—35mm

相遇日______

特征 | 雄虫复眼、合胸、腹部、翅脉均为紫红色，后翅基部有大块的红褐色斑纹。雌虫整体为黄褐色，具黑色条纹，后翅基部斑纹也为黄褐色。

习性 | 生活于湖泊、池塘及水流较缓的溪流等环境中。

黑丽翅蜻

Rhyothemis fuliginosa

蜻蜓目
蜻科
体长：31mm—36mm

*相遇日*______________

特征 复眼上部红褐色，下部蓝黑色，合胸和腹部均为蓝黑色，翅蓝黑色，有蓝绿色和蓝紫色金属光泽，极其艳丽。前翅接近一半区域透明，后翅只在翅端有较小区域透明。

习性 生活于水草茂盛的湖泊、池塘、沼泽等环境中。飞行时姿态缓慢而飘逸，形似蝴蝶。

透顶单脉色蟌

Matrona basilaris

蜻蜓目
色蟌科
体长：56mm—70mm

相遇日________

特征 | 雄虫身体呈绿色，翅膀顶端稍透明，靠近基部约占翅膀 1/3 的区域为蓝色，其余为黑褐色，在阳光照射下会散发出偏蓝的金属光泽。雌虫体色为古铜绿色，胸部后方有黄色细纹，阳光照射下也会散发出金属光泽。

习性 | 多栖息于水塘边植被茂密的杂草灌木丛中。

隼尾蟌

Paracercion hieroglyphicum

蜻蜓目
蟌科
体长：25mm—28mm

特征 雄虫身体大面积呈黄绿色并具黑色条纹。雌虫头部和胸部主要呈绿色，腹部呈橙黄色并具褐色条纹。

习性 生活于水草茂盛的湖泊、池塘等静水环境，常停歇在水边的草丛上，有时也群聚于水生植物叶上。

相遇日__________

蓝纹尾蟌

Paracercion calamorum

蜻蜓目
蟌科
体长：26mm—32mm

相遇日____________

特征 | 雄虫复眼绿色，眼后方有蓝色细小斑点，合胸背面蓝黑色，侧面蓝色具灰白色粉末，腹部前 7 节背面黑色，第 8—10 节天蓝色。雌虫合胸褐色，腹部黄绿色，无明显蓝色腹节。

习性 | 生活于水草茂盛的湖泊、池塘等静水环境，常停歇在水边的草丛上，有时也群聚于水生植物叶上。

♂

黑背尾蟌

Paracercion melanotum

蜻蜓目
蟌科
体长：28mm—30mm

相遇日________

特征 雄虫复眼上黑下蓝，眼后方有蓝绿色细小斑点，合胸蓝色，具黑色条纹，腹部背面黑色，侧面蓝色，第8—10节天蓝色。雌虫复眼上褐下绿，合胸和腹部黄绿色。

习性 生活于水草茂盛的湖泊、池塘等静水环境，常停歇在水边的草丛上。

杯斑小蟌

Agriocnemis femina

蜻蜓目
蟌科
体长：21mm—25mm

相遇日________

特征 | 雄虫复眼上黑下绿，合胸密被白色粉霜；未成熟时，腹部前端黑褐色，末端橙黄色，成熟后整个都为黑褐色。雌虫合胸灰绿色，未成熟时，腹部红色，成熟后背面黑褐色，侧面黄绿色。

习性 | 生活于水草茂盛的湖泊、沼泽、水稻田等静水环境，常停歇在水边的草丛上。

♂

♀

翠胸黄蟌

Ceriagrion auranticum

蜻蜓目
蟌科
体长：33mm—41mm

相遇日__________

特征 雄虫复眼绿色，面部红褐色，合胸黄绿色，腹部各节均为橙红色。雌虫头部、合胸颜色与雄虫相似，腹部各节黄褐色或橙红色。

习性 生活于水草茂盛的湖泊、池塘等静水环境，常停歇在水边的草丛和灌木丛。

赤黄蟌

Ceriagrion nipponicum

蜻蜓目
蟌科
体长：29mm—33mm

相遇日 ______________

特征 | 雄虫复眼、面部和合胸均为红褐色，腹部各节红色。雌虫头部和胸部黄绿色，腹部各节黄褐色，腹节间的黑色环纹明显。

习性 | 生活于水草茂盛的湖泊、池塘等静水环境，常停歇在水边的草丛和灌木丛。

褐斑异痣蟌

Ischnura senegalensis

蜻蜓目
蟌科
体长：28mm—30mm

相遇日＿＿＿＿＿＿

特征｜雄虫复眼上黑下绿，眼后方有青绿色细小斑点，合胸青绿色，有黑色条纹，腹部背面黑褐色，侧面黄褐色，第8—9节蓝色。雌虫颜色多型，合胸黄绿色具黑色条纹，其余腹节背面黑褐色，侧面青绿色。

习性｜生活于水草茂盛的湖泊、池塘、水稻田等静水环境，常停歇在水边的草丛和灌木丛。

♂

叶足扇蟌

Platycnemis phyllopoda

蜻蜓目
扇蟌科
体长：33mm—34mm

*相遇日*______________

特征 | 雄虫复眼上黑下淡黄绿，合胸背面黑色，有淡黄绿色细纹，侧面均为淡黄绿色，中足和后足胫节膨大如叶片状，呈白色，腹部各节背面黑色，侧面黄绿色，各节间有细环纹。雌虫胫节不膨大，颜色较雄虫淡，以黑褐色和黄褐色为主。

习性 | 生活于水草茂盛的湖泊、池塘等静水环境和流速缓慢的溪流边，常停歇在水边的草丛和灌木丛。

东方蝼蛄

Gryllotalpa orientalis

直翅目
蝼蛄科
体长：25mm—35mm

*相遇日*______________

特征 整体呈茶褐色，前胸粗大，前翅短，后翅长，前足特化为开掘足，扁宽有大齿，后足胫节有刺 3—4 根，腹部纺锤形，末端具 1 对尾须。

习性 生活于潮湿的河岸、沟渠、农田和草地中，以植物种子、幼苗为食，有较强趋光性。

青树蟋

Oecanthus euyyelytra

直翅目
蟋蟀科
体长：14mm—20mm

*相遇日*__________

特征 | 体型纤细修长，头小，触角呈丝状，身体浅绿色或浅黄色，前翅半透明。

习性 | 雄虫有鸣叫能力，鸣叫声类似“句～句”声。常在植物茎干、叶片和草丛中活动，以各种杂草嫩芽和嫩叶为食。

梨片蟋

Truljalia hibinonis

直翅目
蟋蟀科
体长：18mm—30mm

相遇日__________

特征｜身体呈梭形，草绿色，两侧外缘淡黄色。头部较小，触角呈丝状，极长。雄虫前翅宽大，覆盖整个身体，翅上有褐色脉纹。雌虫翅绿色且较小，产卵管细长，略下弯。

习性｜生活于高大的树木上，常在树枝和嫩叶丛中活动，鸣叫声高亢清脆，飞行能力强。

若虫

♂

双带金蛉蟋

Svistella bifasciatum

直翅目

蟋蟀科

体长：约 12mm

相遇日 ____________

特征 | 体型较小，整体呈淡褐色，颈部缩狭，复眼突出。雄虫前翅较宽且光滑，翅上有不规则交叉状的脉纹。雌虫前翅角质，翅上有纵纹，产卵管细长。

习性 | 常在灌木丛和草丛中活动，鸣叫声类似“唧～唧”声，清脆悦耳。

♂

♀

多伊棺头蟋

Loxoblemmus doenitzi

直翅目
蟋蟀科
体长：15mm—20mm

相遇日____________

特征 整体呈黑褐色。雄虫头大，头顶向前突出，酷似棺材形状，前缘弧形，后方有一橙黄色横带，复眼下方两侧向外延伸，呈三角状突起，翅黄褐色，步足灰褐色。雌虫复眼下方无突起，产卵管细长突出。

习性 生活于阴暗潮湿的草丛、土堆、石缝或墙角等环境中，鸣叫声类似“嘁～嘁”声。

♀

黄脸油葫芦

Teleogryllus emma

直翅目
蟋蟀科
体长：18mm—26mm

*相遇日*______________

特征 | 整体呈黑褐色，有光泽。头部圆形，头顶黑色，两眼间有黄色倒“八”字形眉纹，面部黄色。翅膀黑褐色，两侧边缘暗黄色。雄虫翅面有网状纹路。雌虫翅面为直纹或斜纹，产卵管细长呈针状。

习性 | 生活于田野沟壑、岩石缝隙和杂草丛等，雄虫有较强领域性，聚集在一起时常互相争斗。

♀

中华剑角蝗

Acrida cinerea

直翅目

剑角蝗科

体长：雌虫 65mm—83mm

雄虫 31mm—60mm

相遇日______________

特征 | 体型较大，身体细长，呈绿色或褐色，侧面常有不同颜色的斑纹。额头钝，向前突出，触角呈剑状，末端较细，前翅发达，端部尖，后翅淡绿色。

习性 | 生活于杂草丛中和植物根部，善跳跃和短距离飞行，以禾本科植物茎叶为食。

短翅佛蝗

Phlaeoba augustidorsis

直翅目
剑角蝗科
体长：20mm—30mm

相遇日________

特征 | 整体呈黄褐色或暗褐色，额头向前突出，复眼大，呈卵形，触角末端白色或淡黄色，前翅较短，明显不达腹端。

习性 | 生活于树林及灌木丛中，以禾本科植物茎叶为食。

短角外斑腿蝗

Xenocatantops brachycerus

直翅目
斑腿蝗科
体长：17mm—28mm

*相遇日*__________

特征 常见为黄褐色或灰褐色，随栖息环境不同而变化。前胸背板后缘侧面有一黄白色斜纹，后足腿节外侧有两道宽的黄白色斜纹，与黑色或褐色斜纹间隔分布，腿节内侧和胫节呈橙红色。

习性 生活于灌木丛、杂草丛中，以植物茎叶为食。

棉蝗
Chondracris rosea

直翅目
蝗科
体长：雌虫 75mm—87mm
雄虫 50mm—65mm

相遇日________

特征 | 体型巨大且粗壮，整体呈青绿色，面部和侧面有淡黄色条纹，各足胫节外侧呈淡紫色，后足腿节发达，胫节外侧有 1 排大白刺。

习性 | 生活于林地、灌木丛和草丛中，以棉花、玉米、水稻、豆类等农作物和柑橘、木芙蓉、刺槐等树木的茎叶为食。

悦鸣草螽

Conocephalus melas

直翅目
螽斯科
体长：22mm—25mm

*相遇日*__________

特征 身体主体为绿色，体型娇小，触角极长，头、胸背板褐色，前翅超过腹部末端，除体背中央外均为黑色，各足腿节和胫节间为黑色。雌虫产卵管似匕首，长及前翅末端。

习性 生活于灌木丛、杂草丛中，夜晚常活动于芒草类植物叶片上，以植物茎叶为食。

日本条螽

Ducetia japonica

直翅目
螽斯科
体长：20mm—25mm

相遇日________

特征 | 体型细长，体色有绿色、褐色，头部、胸部及翅背面褐色，触角呈丝状，为身体的数倍，后翅长于前翅，远超腹部末端，各足胫节褐色。雌雄虫外观相近，需通过翅下是否有产卵管进行分辨，雌虫产卵管短粗，呈镰刀形向上弯曲。

习性 | 生活于灌木丛、杂草丛中，夜晚常躲藏于叶下鸣叫，以植物茎叶为食。

绿色型

褐色型

江苏寰螽

Atlanticus kiangsu

直翅目
螽斯科
体长：40mm—50mm

相遇日＿＿＿＿＿＿

特征 | 体型短粗，身体为褐色，前胸两侧有大块黑斑，翅膀淡褐色且短小，不达腹部末端，后足腿节粗壮。

习性 | 生活于树林、灌木丛中，夜晚常活动于树干上，食性杂，以植物茎叶、中小型昆虫为食。

中华螽斯

Tettigonia chinensis

直翅目
螽斯科
体长：40mm—60mm

相遇日______________

特征 | 体型粗壮，头顶至翅端背部深色，侧面绿色，无斑纹，复眼圆形且突出，前翅宽大，远超腹部末端，各足胫节有壮刺。

习性 | 生活于树林、灌木丛和农田等环境中，食性杂，以植物茎叶、中小型昆虫为食。

日本纺织娘

Mecopoda niponensis

直翅目
纺织娘科
体长：50mm—70mm

相遇日____________

特征 体型硕大，整体呈绿色或褐色，头较短，头顶宽，头部后方两侧常各有一黑色斑块，前翅宽阔，超过腹部末端。雌虫产卵管呈马刀状，长而粗壮。

习性 生活于阴凉的灌木丛、杂草丛中，夜晚常活动于上部枝叶上，以植物嫩叶和花为食。

暗端黑荒蟋螽

Melaneremus fuscoterminatus

直翅目
沙螽科
体长：20mm—30mm

相遇日______________

特征 | 体型短粗，呈筒形，头较大，触角极长，无翅，背部橙黄色，有大小不一的黑褐色斑纹，步足淡黄褐色，前足胫节有壮刺。雌虫产卵管细长，上翘。

习性 | 生活于灌木丛、杂草丛中，食性杂，以植物茎叶、中小型昆虫为食。

交配中

疾灶螽
Tachycines sp.

直翅目
驼螽科
体长：36mm—38mm

相遇日________

特征 体型短粗，整体呈红褐色至黑褐色，背部明显隆起，呈驼背状，无翅，步足长，呈淡褐色，有黑褐色和红褐色环纹，各足胫节有壮刺，后足腿节粗壮。

习性 生活于草丛、泥地等环境中，夏季夜晚常在道路上活动，有时也进入室内，活动于厨房灶台与杂物堆缝隙间，以植物茎叶、小型昆虫、食物残渣等为食。

圆臀大黾蝽

Aquarius paludum

半翅目
黾蝽科
体长：12mm—20mm

*相遇日*__________

特征 | 体型呈棍状，体背部黄褐色，侧面及腹部银白色，翅革质，无膜质部，边缘有白色斑点，前足短，为捕捉足，中后足细长，跗节具疏水细毛，易在水面上划行。

习性 | 生活于湖泊、池塘等静水水域，以及流速缓慢的溪流中，以落入水中的昆虫，以及鱼、虾等动物的尸体为食。

锈色负子蝽

Diplonychus rusticus

半翅目
负子蝽科
体长：14mm—16mm

相遇日____________

特征 | 身体椭圆形，呈黄褐色，头小，背部平坦，前胸背板两侧至翅缘前半部分透明，前足特化为捕捉足，腹部末端呼吸管短而扁。

习性 | 生活于湖泊、池塘等静水水域，常附着在水草上伺机捕食，以孑孓、蝌蚪、小鱼、小虾、水蛭等为食。雌虫将卵产于雄虫背部，雄虫负卵，直至孵化。

划蝽

Corixidae spp.

半翅目
划蝽科
体长：4mm—12mm

*相遇日*__________

特征 | 体型瘦长，头短，前足短，中足细长，后足扁桨状，呈两侧平行的流线型。身体特征明显，在较淡的底色上可以呈现出典型的斑马式的黑色横走斑纹。

习性 | 生活在池塘、湖泊等环境，依靠后腿在水面划水行进，在水中行动迅速。以蝌蚪、小鱼和水生昆虫为食，有很强的趋光性。

日壮蝎蝽

laccotrephes japonensis

半翅目
蝎蝽科
体长：37mm—40mm

*相遇日*__________

特征 身体扁平，整体呈褐色至黑褐色，头小，复眼球形且突出，前足发达，为捕捉足，后足细长，腹部末端呼吸管细长，接近于体长。

习性 生活于湖泊、池塘、沟渠等静水水域，常在水边活动，隐藏于落叶和杂物中伺机捕食，以孑孓、水虿、蝌蚪、小鱼、小虾等为食。离开水后有假死习性。

霍氏蝎蝽

Nepa hoffmanni

半翅目
蝎蝽科
体长：37mm—40mm

*相遇日*__________

特征 | 体呈扁平椭圆形，中等大小，前足腿节基部腹面无一指状突起。呼吸管显著短于体长的 1/4，第 6 腹板中线长度为第 5 腹板中线长度的 4 倍。

习性 | 生活于湖泊、池塘、沟渠等静水水域，常在水边活动，隐藏于落叶和杂物中伺机捕食。

黑红赤猎蝽

Haematoloecha nigrorufa

半翅目
猎蝽科
体长：12mm—14mm

相遇日______

特征 不同个体斑纹颜色有变异，分为红色、黑色和普通型。黑色型的头和触角黑色，触角上覆盖密集细毛，前胸背板有十字形沟纹，前翅革质为红色，小盾片、膜质翅、步足、腹部均为黑色，侧缘有红色斑纹。

习性 常活动于树干及地面上，以鳞翅目、双翅目、鞘翅目等昆虫为食。

黑色

环斑猛猎蝽

Sphedanolespes impressicollis

半翅目
猎蝽科
体长：16mm—18mm

相遇日＿＿＿＿＿＿

特征 | 整体呈灰褐色，有光泽。前胸背板中央有 1 条纵沟，腹部背板向外扩展露出翅面，侧缘上有黑白相间的斑纹，步足黑色，有黄色和褐色环纹。不同个体间斑纹颜色有变异，尤其前胸背板颜色差异较大。

习性 | 常活动于灌木丛和草丛的中上层，以鳞翅目、双翅目、鞘翅目等昆虫为食。

斑楔齿爪盲蝽

Deraeocoris ater

半翅目
盲蝽科
体长：8mm—10mm

相遇日______________

特征 整体呈黑褐色，有光泽。触角第1、2节黑色，第3、4节灰褐色，前胸背板橘红色，布满黑色刻点，前翅后缘有两个橘黄色圆形斑纹，步足黑褐色，胫节淡黄褐色。

习性 活动于草本植物叶片上，吸食汁液。

伊锥同蝽

Sastragata esakii

半翅目
同蝽科
体长：11mm—13mm

*相遇日*__________

特征 | 整体呈黄褐色。头部黄绿色，触角第 1、2 节绿色，其余褐色。前胸背板前半部黄色，后半部褐色，布满细密刻点，侧角向外突出，小盾片黑褐色，有 1 枚心形的黄色斑纹，革质翅褐色，同样有细密刻点，步足绿色至黄绿色。

习性 | 常活动于柞树和栎树等植物茎叶上，吸食汁液。

青革土蝽

Macroscytus subaeneus

半翅目
同蝽科
体长：7mm—10mm

相遇日＿＿＿＿＿＿

特征 整体呈黑色，有光泽。背部有细密刻点，头前端呈宽圆形，触角褐色，后两节黄褐色，小盾片较大，超过腹部中央,腹侧及步足均为黑褐色。

习性 生活于落叶层及泥土中，吸食寄主植物根部汁液。

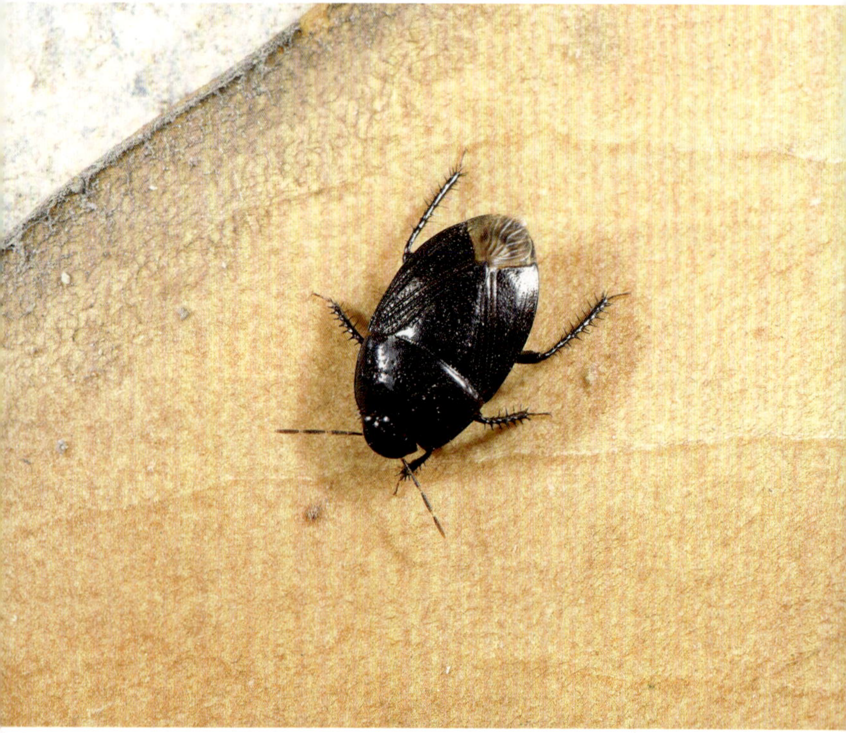

茶翅蝽

Halyomorpha halys

半翅目
蝽科
体长：12mm—16mm

相遇日

特征 | 个体间体色差异较大，有淡黄褐色、灰褐色略带红色等，具黑刻点，或在身体各部具金绿色闪光的刻点，或带有金绿色、紫绿色光泽。触角黄褐色，第 3 节端部、第 4 节中段、第 5 节之大半黑褐色。翅呈烟褐色，基部色深，呈淡黑褐色，端部脉色亦深，腹下呈淡黄白色。

习性 | 常活动在水稻、山地作物、果树以及杂草上，吸食汁液。

麻皮蝽

Erthesina fullo

半翅目
蝽科
体长：18mm—25mm

相遇日________

特征 整体呈灰褐色，背部密布黄褐色细碎斑点，头部狭长，中央有一黄褐色细纹，一直延伸到小盾片，腹部背板稍扩展，边缘有黑黄相间的斑纹，步足黑色，胫节上有黄褐色环纹。

习性 常活动于李、桃、杨、柳、榆等植物茎叶上，吸食汁液。若虫刚孵化时会聚集于卵壳周围，集体活动。

益蝽

Picromerus lewisi

半翅目
蝽科
体长：11mm—16mm

相遇日________

特征 | 整体呈暗褐色。触角红黄色，第 3 节末端，第 4、5 节端部为暗色。小盾片基角有 2 个淡色斑。侧接缘黄黑相间，分布极少黄斑。前胸背板侧角长度变异较大，由短钝至尖长不等。腹下第 3—6 节中央有 1 个大黑斑。

习性 | 益蝽为蝽科中的捕食性类群，尤以捕食鳞翅目幼虫为主。

菜蝽

Eurydema dominulus

半翅目
蝽科
体长：6mm—9mm

*相遇日*________

特征 身体椭圆形，呈橙红色，触角及头部黑色，前胸背板上有 6 个黑斑，小盾片基部有一倒三角形黑斑，两侧各有 1 枚“2”字形大黑斑，革质翅橙红色，膜质翅黑色，有淡灰色边，步足黑色。

习性 常活动于油菜、萝卜、白菜、甘蓝等十字花科植物茎叶上，吸食汁液。

烟草斑须蝽

Dolycoris baccarum

半翅目
蝽科
体长：8mm—14mm

*相遇日*______________

特征 | 头部及前胸背板黄褐色，触角黄黑相间，背部有细密刻点，小盾片黄白色，前翅革质呈红褐色，膜质翅黄褐色，腹部背板稍扩展，有黄黑相间的斑纹，步足黄褐色。

习性 | 常集体聚集于柿子、桃、李、玉米、蚕豆等多种植物嫩茎和嫩叶上，吸食汁液。

珀蝽

Plautia fimbriata

半翅目
蝽科
体长：8mm—12mm

特征 整体呈青绿色，有光泽，背部布满黑色或青绿色细密刻点，复眼红色，前胸背板隆突，前翅革质呈红褐色，膜质翅黑褐色。

习性 生活于大豆、玉米、苎麻、柑橘、李等植物茎叶上，吸食汁液。

*相遇日*______________

赤条蝽

Graphosoma rubrolineata

半翅目
蝽科
体长：10mm—12mm

相遇日＿＿＿＿＿＿

特征 | 整体呈红褐色或橙黄色。全身有黑色纵纹：头部2条，前胸背板6条，背部4条。小盾片宽大，呈盾状。腹部侧缘有橙黑相间的斑纹，腹面橙黄色，有大量黑斑。步足黑色。

习性 | 常活动于野胡萝卜等伞形科植物及萝卜、白菜等蔬菜的叶片及花蕾上，吸食汁液。

华麦蝽

Aelia fieberi

半翅目
蝽科
体长：8.5mm—10mm

相遇日＿＿＿＿＿＿

特征 整体呈淡黄褐色，密布刻点。前胸背板至小盾片末端有一淡色纵中线，其侧有由黑色刻点组成的宽黑带，前胸背板靠近前侧缘处有一黑带。翅革片外缘及径脉淡黄白色，其内侧没有黑色纵纹。

习性 活动于农田道旁，以小麦、水稻及禾本科杂草为食。

扁蝽

Aradidae spp.

半翅目
扁蝽科
体长：10mm—12mm

相遇日＿＿＿＿＿＿

特征 | 体十分扁平，呈褐色或黑色，多无翅种类。背面常有各式瘤突或皱纹等。

习性 | 多生活于腐烂的倒木树皮下，常成群聚居，以细长的口针吸食腐木中的真菌菌丝。

桑宽盾蝽

Poecilocoris druraei

半翅目
盾蝽科
体长：15mm—18mm

相遇日＿＿＿＿＿＿

特征 身体呈宽椭圆形，多红褐色或黄褐色，头部和触角黑色，步足呈金属蓝色。前胸背板上有 2 个大黑斑，小盾片上黑斑数量多达 13 个，但个体间变异较大，有的黑斑相连，有的全部消失，有的斑呈蓝色。

习性 常活动于桑树、油茶等植物茎叶上，吸食汁液。

红脊长蝽
Tropidothorax elegans

半翅目
长蝽科
体长：8mm—10mm

相遇日______________

特征 | 体红色，具黑色斑纹，头部和触角黑色，前胸背板中脊和侧脊较高，内有2个黑色斑纹，前翅革质翅红色，膜质翅黑色，另有3个黑色斑纹，呈“X”字样，步足黑色，腹部红色。

习性 | 常聚集于萝卜、刺槐、油菜、葫芦等植物嫩茎嫩叶上，吸食汁液。

短翅迅足长蝽

Metochu abbreviatus

半翅目
长蝽科
体长：8mm—10mm

相遇日________

特征 | 体灰褐色，头部及前胸背板黑色，触角末端白色，前翅革质翅黑褐色，有2枚三角形白斑，膜质翅灰褐色，翅短，常露出第7腹节，步足黑色，基部黄褐色。

习性 | 夜晚常在植物叶片及地面上爬行。

硕蝽

Eurostus validus

半翅目
荔蝽科
体长：25mm—34mm

*相遇日*________

特征 | 体棕褐色，具亮绿色金属光泽，密布细刻点。头小，呈三角形。触角基部前 3 节为深红褐色，第 4 节除基部外均为橘黄色。前胸背板前缘及小盾片侧缘亮绿色。腹部背面紫红色，侧缘亮绿色。足与体色相近。

习性 | 活动在果园周围，若虫和成虫刺吸新萌发的果树嫩芽。

点蜂缘蝽

Riptortus pedestris

半翅目
缘蝽科
体长：15mm—17mm

*相遇日*____________

特征 | 体黄褐色，触角有小半节黄色，前胸背板前叶向前倾斜，前翅膜质翅棕褐色，稍长于腹部，腹部侧缘稍外露，有黄黑相间的斑纹，步足黄褐色，后足腿节粗大。若虫拟态蚂蚁，整体呈灰褐色。

习性 | 常聚集于豇豆、蚕豆、大豆、丝瓜等蔬菜茎叶上，吸食汁液。

纹须同缘蝽

Homoeocerus striicornis

半翅目
缘蝽科
体长：18mm—21mm

相遇日________

特征 | 体狭长，体色呈绿色和褐色相间，头部、前胸背板、小盾片均为绿色，侧缘褐色，前胸背板两侧有朝外的突起，上有黑色刻点，前翅革质翅淡褐色，翅脉简单而凸出，膜质翅透明，步足细长，绿色。

习性 | 常活动于柑橘、合欢、茄科及豆科植物茎叶上，吸食汁液。

稻棘缘蝽

Cletus punctiger

半翅目
缘蝽科
体长：9.5mm—11mm

*相遇日*________

特征 体狭长，呈黄褐色，刻点密布。头顶中央具短纵沟，头顶及前胸背板前缘具黑色小粒点，触角第1节较粗，长于第3节，第4节呈纺锤形。复眼褐红色，单眼红色。前胸背板多为一色，侧角细长，稍向上翘，末端黑。

习性 常聚集在稻、麦的穗上吸食汁液。

中稻缘蝽

Leptocorisa chinensis

半翅目
缘蝽科
体长：17mm—18mm

相遇日______________

特征 | 体细长，呈深草黄色。触角第 1 节末端及外侧黑色，第 1 节较短。后足胫节最基部及顶端黑色。雄虫抱器顶端粗钝。

习性 | 出现于水稻、小麦、玉米等禾本科农作物，以及狗尾巴草等禾本科杂草丛中。偶见集群，吸食植物汁液。

蒙古寒蝉

Meimuna mongolica

半翅目
蝉科
体长：28mm—35mm

*相遇日*__________

特征 体型中等，呈青绿色，背部有黑色和褐色斑纹，腹部有褐色和青绿色环纹，局部有白粉色，翅膀透明，翅脉黄褐色。雌虫与雄虫相似，腹部环纹较密，产卵管短粗。

习性 常在山坡、苗圃、公园、小区等地的树干上鸣叫，叫声类似“知了～知了”，吸食汁液，夏季夜晚8点—10点为羽化高峰期。

蟪蛄

Platypleura kaempferi

半翅目
蝉科
体长：20mm—25mm

*相遇日*__________

特征 | 体型短粗，呈褐色，胸部背板有暗绿色条纹，背部有近似“W”形状的棕色斑纹，部分个体背部斑纹均为绿色，前翅布满褐色斑纹，后翅大部分为黑色。

习性 | 常在山坡、苗圃、公园、小区等地的树干上鸣叫，叫声类似断续的“吃～吃”，声音较细，吸食汁液，夏季夜晚8点—10点为羽化高峰期，羽化时攀爬高度通常较矮。

黑蚱蝉

Cryptotympana atrata

半翅目
蝉科
体长：38mm—48mm

*相遇日*______________

特征 体型较大，呈黑色或黑褐色，有光泽，有金色细毛，翅膀透明，翅脉基部金黄色，后部黑色，腹部侧面和步足有棕黄色斑纹。

习性 常在山坡、苗圃、公园、小区等地的树干上鸣叫，叫声类似连续的“吱～”，声音响亮，吸食汁液，夏季夜晚8点—10点为羽化高峰期，羽化时攀爬高度通常较高。

小黑日宁蝉

Yezoterpnosia obscura

半翅目
蝉科
体长：约 35mm

特征 | 体中型，头部与中胸背板基部等宽，头部大体黑色，后缘有 1 对模糊的暗褐色斑，前胸背板与头部等长。翅透明，翅脉暗褐色。

习性 | 成虫出现在 3 月末至 5 月初，是南京地区发生期最早的蝉。

*相遇日*____________

震旦大马蝉

Macrosemia pieli

半翅目
蝉科
体长：38mm—50mm

*相遇日*____________

特征 体大型，头部赭绿色，宽于中胸背板。单眼红色，复眼褐色，两侧单眼间距约为单复眼间距的 1/3。前胸背板长为头部的两倍，足黄绿色，密被白色蜡粉。

习性 夏秋季常在山坡、苗圃、公园、小区等地的树干上鸣叫。

松寒蝉

Meimuna opalifera

半翅目
蝉科
体长：约 35mm

相遇日________

特征 | 体中型，被金黄色短毛，头冠稍宽于中胸背板基部，头胸部褐绿色或褐色，但黑色斑纹占据了绝大部分，腹部黑色，细长，后端尖削，腹部明显长于头胸部。前胸背板橄榄绿色，有黑色纹样。

习性 | 夏秋季见于山林间，叫声响亮。

绿草蝉

Mogannia hebes

半翅目
蝉科
体长：13mm—15mm

特征 体绿色或绿褐色，有的为黄绿或黄褐色，密被金黄色极短的毛，后唇基突出较短，稍短于头顶中央，腹部稍长于头胸部。

习性 生活在杂草灌木丛间，鸣叫声音响亮。

相遇日____________

斑衣蜡蝉

Lycorma delicatula

半翅目
蜡蝉科
体长：15mm—25mm

*相遇日*____________

特征 | 整体呈灰褐色。触角极短，橙红色，前翅前部淡红褐色，有黑色圆斑，后部斑纹呈细密网状，后翅红色、蓝色（或白色）、黑色相间。低龄若虫黑色，有白色斑点；高龄若虫红色，有白色和黑色斑点。

习性 | 常聚集在臭椿、楝树等植物枝干上，吸食汁液，跳跃能力强。

湖北长袖蜡蝉

Zoraida hubeiensis

半翅目
袖蜡蝉科
体长：约 5.5mm

相遇日____________

特征 体淡褐色，头顶、颜面浅黄色，复眼褐色。中胸背板淡褐色，纵脊淡黄色。前翅透明，翅脉黄白色，纵带内翅脉略带红色。足黄褐色。

习性 常见于各种植物的枝条和叶片背面，吸食汁液，跳跃能力强。

碧蛾蜡蝉

Geisha distinctissima

半翅目
蛾蜡蝉科
体长：6mm—8mm

相遇日________

特征 | 体淡绿色或黄绿色，被白色蜡粉，前胸背板有 4 条红褐色纵纹，前翅长方形，布满淡黄色网格状脉络，翅边缘红褐色，后翅扇形，灰白色，停歇时前翅常纵叠成屋脊状。

习性 | 常见于各种植物的枝条和叶片背面，吸食汁液，跳跃能力强。

褐缘蛾蜡蝉

Salurnis marginella

半翅目

蛾蜡蝉科

体长：7mm—10mm

相遇日____________

特征 体呈鲜艳的黄绿色，布满白色蜡粉，前胸背板有 4 条橙色纵纹，前翅翅面布满淡黄色网格状脉络，翅边缘褐色，在背部靠近后缘的位置还有 1 个向下突出的圆形褐斑。

习性 常见于各种木本植物的枝条及叶片背面，吸食汁液，跳跃能力强。

透翅疏广蜡蝉

Euricanid clara

半翅目
广翅蜡蝉科
体长：6mm—8mm

相遇日____________

特征 | 背部黑褐色，腹部黄褐色，翅膀上窄下宽，前翅透明，翅脉褐色，翅边缘有较宽的黑褐色带，夹杂黄褐色斑纹。若虫腹末着生白色蜡丝。

习性 | 常聚集于植物枝条和叶片背面，吸食汁液。

若虫

柿广翅蜡蝉

Ricania sublimbata

半翅目

广翅蜡蝉科

体长：6mm—8mm

相遇日________

特征 背部黑褐色，腹部黄褐色，前翅棕褐色，多纵脉，外缘近顶角 1/3 处有一较小的灰白色斑纹，后翅暗褐色，半透明。若虫腹末着生白色蜡丝。

习性 常出现于柿、枇杷、苹果、柑橘等植物枝条和叶片背面，吸食汁液。

黑颜单突叶蝉
Lodiana revis

半翅目
叶蝉科
体长：7mm—8mm

相遇日________

特征 | 复眼黄色，前胸背板至小颈板蓝黑色或青灰色，翅鞘蓝黑色，左右各有 2 条宽大的黄色横带。

习性 | 常活动于植物枝条上。寄主为山芙蓉。

三刺角蝉

***Tricentrus* sp.**

半翅目
角蝉科
体长：6mm—7mm

相遇日＿＿＿＿＿＿

特征 | 头、胸部黑褐色，没有明显界限，前胸背板隆起，两侧及后侧各有一角突，后侧的角突呈狭长的针状，前翅透明，翅脉黑褐色，各足黄褐色。

习性 | 常出现于植物茎叶上，模拟茎上的刺或突起，吸食汁液，跳跃能力强。

尤氏曙沫蝉
Eoscarta assimilis

半翅目
沫蝉科
体长：6mm—9mm

相遇日______

特征 | 头及前胸背板黑褐色，前胸背板后部及前翅黄褐色，前翅端部略呈红色，足黄褐色，前、中足胫节及跗节深棕色至黑色。

习性 | 常出现于植物枝叶上，若虫分泌泡沫并躲藏其中。

碧凤蝶

Papilio bianor

鳞翅目
凤蝶科
翅展：95mm—125mm

*相遇日*__________

特征 | 翅膀黑色，正面有蓝绿色光泽，后翅亚外缘有多个粉红色或蓝色弦月纹，尾突仅中央部分有蓝绿色鳞片。反面颜色较浅，脉纹明显，后翅亚外缘有多个弦月形红色斑纹。

习性 | 幼虫以芸香科吴茱萸和柑橘等植物为寄主，成虫喜访花，有时集群吸水。

蓝凤蝶

Papilio protenor

鳞翅目
凤蝶科
翅展：90mm—120mm

相遇日＿＿＿＿＿＿

特征 | 翅膀黑色，无尾突。雄蝶后翅正面有深蓝色鳞粉，反面外缘和臀角有几枚橙红色弦月形斑纹。雌蝶翅膀颜色较淡。

习性 | 幼虫以花椒、柑橘等植物为寄主，成虫喜访花和吸水，飞行迅速。

玉带凤蝶

Papilio polytes

鳞翅目
凤蝶科
翅展：75mm—100mm

相遇日____________

特征 雄蝶翅膀黑色，后翅有 1 列白色带状斑，前翅外缘有 1 列向顶角由大到小排列的白斑。雌蝶色型多变，常见为后翅中室有几枚白色和红色斑纹，亚外缘有 1 列新月形红色斑纹。

习性 幼虫以柑橘等植物为寄主，成虫喜访花和吸水，飞行迅速。

柑橘凤蝶

Papilio xuthus

鳞翅目
凤蝶科
翅展：65mm—85mm

*相遇日*__________

特征 | 翅膀黄色，有黑褐色斑纹，前翅中室有4—5条放射状细纹，后翅正面亚外缘有1列蓝色斑纹，臀角有1个环形或半环形橙黄色斑纹，背面颜色较淡，有橙、黑、蓝相间的斑纹，被脉纹隔断。

习性 | 幼虫以花椒、柑橘等植物为寄主，成虫喜访花和吸水。

青凤蝶
Graphium sarpedon

鳞翅目
凤蝶科
翅展：50mm—60mm

*相遇日*____________

特征 | 翅膀黑色，无尾突，翅膀中部有1列蓝绿色带状斑纹，贯穿前后翅，后翅反面有数枚条状红色斑纹。

习性 | 幼虫以樟树、山胡椒等植物为寄主，成虫喜访花和吸水，飞行迅速。

中华虎凤蝶

Luehdorfia chinensis

鳞翅目
凤蝶科
翅展：58mm—65mm

相遇日________

特征 | 翅黄色，间有黑色横条纹，酷似虎斑，除翅外整体黑色，密被黑色鳞片和细长的鳞毛，各腹节的后缘侧面有 1 道细长的白色纹。

习性 | 在南京，幼虫以马兜铃科植物杜衡为食，成虫喜访花。1 年 1 代，仅春季可见。

冰清绢蝶

Parnassius citrinarius

鳞翅目
凤蝶科
翅展：60mm—70mm

*相遇日*__________

特征 | 翅背面白色半透明，翅脉黑褐色，前翅亚外缘隐约可见灰色横带，中室有 2 个灰色斑，后翅内缘区有 1 条宽黑带，腹面斑纹与背面类似，身体覆盖黄色毛。

习性 | 幼虫以延胡索为寄主，成虫喜访花，飞行姿态舒缓优美。

华东黑纹粉蝶

Pieris latouchei

鳞翅目
粉蝶科
翅展：45mm—55mm

相遇日________

特征 | 中型粉蝶，翅背面白色，脉纹黑色。前翅前缘及顶角黑色，翅外缘有1个明显的大黑斑及1个模糊的黑斑，后翅腹面具黄色鳞粉，基角处有1个橙色斑点，脉纹褐色明显。

习性 | 幼虫以十字花科植物为寄主，有春、夏两型：春型较小，翅形稍细长，黑色部分较深；夏型较大，体色较春型淡。

东方菜粉蝶

Pieris canidia

鳞翅目

粉蝶科

翅展：45mm—55mm

相遇日________

特征 翅膀白色，前翅正面顶角处的黑斑与翅外缘菱形的黑斑相连接，翅面中央有 2 个醒目的黑色斑纹，前后翅正面外缘同样有数枚黑色斑纹。

习性 幼虫以十字花科、白花菜科等植物为寄主，成虫喜访花。

北黄粉蝶

Eurema mandarina

鳞翅目
粉蝶科
翅展：35mm—45mm

相遇日______

特征 | 翅膀黄色或偏白的黄色，前翅正面外缘有黑色宽带，后翅无明显黑边。翅反面颜色较淡，有褐色斑纹。

习性 | 幼虫以合欢、合萌、槐树为寄主，成虫喜访花。

橙翅襟粉蝶

Anthocharis bambusarum

鳞翅目
粉蝶科
翅展：41mm—43mm

*相遇日*______________

特征 | 前翅顶角圆润，有黑色斑纹，基部有黑色鳞粉，亚基部及内缘基半部黄色至黄白色，前翅其余绝大部分橘红色，中室端斑黑色；后翅正面白色，外缘翅脉端部有棕褐色云状斑；反面云状斑密，一般不中断，呈棕褐色。

习性 | 幼虫以十字花科碎米荠为食，早春发生，成虫喜访花。

稻眉眼蝶

Mycalesis gotama

鳞翅目
蛱蝶科
翅展：40mm—50mm

*相遇日*____________

特征 | 翅膀褐色，前翅正面有 2 个眼状斑纹，翅膀反面有 1 条淡黄色纵带贯穿前后翅，亚外缘有 10—12 个眼状斑纹，其中 2 个眼斑较大，其余较小。

习性 | 幼虫以禾本科植物为寄主，成虫常在阴暗的林中飞行，轨迹呈波浪状，夜晚在灌木丛和草丛叶片上停歇。

布莱荫眼蝶

Neope bremeri

鳞翅目
蛱蝶科
翅展：37mm—45mm

相遇日______

特征 头部和胸部暗灰色，腹部背面灰褐色，头顶两侧、触角基部灰白色，前翅灰黑色，后缘区暗黑，黑色基剑纹、中剑纹、端剑纹明显，基线、内线为黑色，双线波浪形外斜，环状纹灰色，具黑边。

习性 幼虫以禾本科植物为寄主，成虫常在阴暗的林中飞行，轨迹呈波浪状。

蒙链荫眼蝶

Neope muirheadi

鳞翅目
蛱蝶科
翅展：60mm—70mm

*相遇日*__________

特征 | 翅膀黑褐色，前后翅正面各有 4 个黑色眼斑，反面有 1 条淡黄色纵带贯穿前后翅，前翅反面亚外缘有 3—4 个黑色眼斑，后翅反面亚外缘有 8 个眼斑。

习性 | 幼虫以禾本科竹属的多种植物为寄主，成虫常在阴暗的林中飞行，喜食树汁、粪便和烂水果。

朴喙蝶

Libythea celtis

鳞翅目
蛱蝶科
翅展：45mm—50mm

相遇日____________

特征 | 下唇须长，呈鸟喙状，翅膀褐色，形似枯叶，顶角突出呈钩状，近顶角有3个小白斑，后翅外缘锯齿状，翅正面另有数个橙黄色斑纹。

习性 | 幼虫以朴树为寄主，成虫常聚集在沙地里吸水。

斐豹蛱蝶

Argyreus hyperbius

鳞翅目
蛱蝶科
翅展：65mm—73mm

*相遇日*__________

特征｜雌雄异型。雄蝶翅橙黄色，正面有许多黑色斑点，反面有黑色和褐色的花豹斑纹，后翅外缘黑斑带内有蓝白色细纹。雌蝶前翅端部暗紫色，有 1 条较粗的白色斜带，翅反面有褐色圆斑。

习性｜幼虫以堇菜科植物为寄主，成虫喜访花。

黄钩蛱蝶
Polygonia c-aureum

鳞翅目
蛱蝶科
翅展：48mm—53mm

*相遇日*______

特征 翅正面橙黄色，有许多大小不一的黑斑，前翅中室内有 3 枚黑斑（区别于仅有 2 枚黑斑的白钩蛱蝶），背面根据季节颜色不同，夏季为黄褐色，有许多云状斑纹，秋季为深褐色，后翅中央有 1 枚“L”形白色钩纹。

习性 幼虫以葎草、亚麻等植物为寄主，成虫喜访花和吸食树汁。

琉璃蛱蝶

Kaniska canace

鳞翅目
蛱蝶科
翅展：65mm—75mm

*相遇日*__________

特征｜翅膀正面一般为黑褐色，翅缘有 1 条蓝色带状斑纹，贯穿前后翅，斑纹在前翅呈“Y”状，反面斑纹较杂乱，形似烧焦的枯木。

习性｜幼虫以菝葜科植物为寄主，成虫喜访花，喜食树汁、粪便和烂水果。

柳紫闪蛱蝶

Apatura ilia

鳞翅目
蛱蝶科
翅展：59mm—64mm

*相遇日*__________

特征 | 翅膀正面黑褐色，有多枚白斑和 4 枚镶橙色边的黑斑，后翅中央有 1 条白色横带，反面为淡黄褐色，颜色较淡。在阳光下，雄蝶前后翅膀正面会随着光线变化为蓝紫色闪光，极其夺目。

习性 | 幼虫以杨柳科植物为寄主，成虫喜食树汁、粪便和烂水果。

拟斑脉蛱蝶

Hestina persimilis

鳞翅目
蛱蝶科
翅展：约 60mm

*相遇日*______

特征 | 翅膀灰褐色或黑褐色。淡色型前、后翅背面灰绿色，仅翅脉为黑色的条纹，翅脉间点缀灰白色斑点。深色型前、后翅背面黑褐色，翅脉间饰有许多白色斑纹，后翅中室有柳叶状白斑，外缘及内侧有白色斑列。翅腹面颜色较淡。

习性 | 幼虫以榆科朴树等植物为寄主，成虫喜食树汁、粪便和烂水果。

二尾蛱蝶
Polyura narcaea

鳞翅目
蛱蝶科
翅展：58mm—68mm

*相遇日*__________

特征 | 翅膀淡绿色，有弓形的褐色条纹，前后翅外缘有黑色宽带，前翅正面黑带中有淡绿色斑列，后翅正面黑带间为淡绿色带，有2个尖长的尾突。

习性 | 幼虫以豆科山合欢等植物为寄主，成虫喜食树汁、粪便和烂水果，也会集群在水边吸水，飞行迅速。

红灰蝶

Lycaena phlaeas

鳞翅目
灰蝶科
翅展：26mm—36mm

*相遇日*________

特征 | 前翅正反面均为橙红色，正面外缘有深褐色带，橙色中有多枚小黑斑，后翅正面深褐色，亚外缘有1条橙色带，反面淡褐色，散生许多小黑斑。

习性 | 幼虫以酸模、羊蹄等蓼科植物为寄主，成虫喜访花。

亮灰蝶

Lampides boeticus

鳞翅目
灰蝶科
翅展：27mm—33mm

相遇日____________

特征 雄蝶翅膀正面蓝紫色，外缘褐色；雌蝶翅膀正面黑褐色，蓝色光泽较少。翅反面均为淡褐色，有许多灰白色和褐色的波浪形条纹，后翅臀角有 2 枚黑斑，黑斑上有亮蓝色鳞片。

习性 幼虫以豆科植物为寄主，成虫喜访花，在农田附近较常见。

酢浆灰蝶
Pseudozizeeria maha

鳞翅目
灰蝶科
翅展：21mm—30mm

相遇日______________

特征 | 雄蝶翅膀正面浅蓝色，外缘褐色；雌蝶翅膀正面暗褐色，翅基部浅蓝色。翅反面均为灰白色，有多枚带白边的黑色斑点，后翅无尾突。不同季节色型常有变化。

习性 | 幼虫以酢浆草为寄主，成虫喜访花，常出现在草地和花坛附近。

蓝灰蝶

Everes argiades

鳞翅目
灰蝶科
翅展：23mm—27mm

相遇日________

特征 雄蝶翅膀正面蓝紫色，外缘褐色较窄；雌蝶翅膀正面暗褐色。翅反面均为灰白色，有稀疏的黑斑，后翅有小尾突，近臀角处有 2 枚较大的黑斑，上缘镶橙黄色。

习性 幼虫以紫云英、豌豆、大豆等豆科植物为寄主，成虫喜访花，常出现在草地和花坛附近。

点玄灰蝶

Tongeia filicaudis

鳞翅目
灰蝶科
翅展：24mm—28mm

相遇日________

特征 | 翅膀正面黑褐色，背面灰白色，外缘线黑色，内有 2 列黑斑，还有 3 列不规则排列的黑斑，黑斑均较粗，后翅有小尾突。

习性 | 幼虫以景天科植物为寄主，成虫喜访花，常出现在草地和花坛附近。

琉璃灰蝶

Celastrina argiolus

鳞翅目
灰蝶科
翅展：29mm—32mm

相遇日________

特征 雄蝶翅膀正面蓝紫色，外缘黑褐色；雌蝶翅膀正面外缘黑褐色较宽。反面均为灰白色，外缘线较细，有多枚不规则排列的黑褐色斑纹。

习性 幼虫以豆科、无患子科等植物为寄主，成虫喜访花和吸水。

直纹稻弄蝶

Parnara guttata

鳞翅目
弄蝶科
翅展：30mm—35mm

相遇日______________

特征 翅膀正面黑褐色，反面黄褐色，前翅有 7 枚半透明白斑，呈椭圆形排列，后翅有 4 枚白色透明斑，呈“一”字形排列。

习性 幼虫以水稻、芒草等禾本科植物为寄主，成虫喜访花。

黄斑弄蝶

Ampittia dioscorides

鳞翅目
弄蝶科
翅展：20mm—23mm

相遇日______________

特征 雄蝶翅膀正面黑褐色，前后翅均有大块黄斑。雌蝶翅膀正面大部分黑褐色，反面均为黄褐色，有许多褐色小斑。

习性 幼虫以禾本科植物为寄主，成虫喜访花。

深山珠弄蝶

Erynnis montanus

鳞翅目
弄蝶科
翅展：35mm—43mm

相遇日____________

特征 | 小型略大，翅暗褐色。雄蝶翅有紫色光泽，前翅外半部有深灰色波状横带，其前缘有模糊白色点列，后翅面有 2 行黄色斑列（其内列斑纹较大，排列不规则），中室端斑 1 个。雌蝶前翅面波状带色淡，宽而明显。

习性 | 幼虫以壳斗科栎属植物为食，成虫喜访花，停歇时喜打开双翅。

网锦斑蛾

Trypanophora semihyalina

鳞翅目
斑蛾科
翅展：30mm—40mm

相遇日____________

特征 头、胸部暗蓝色，触角有蓝、白、黑 3 色，胸部后半部及腹部黄色，腹部还有褐色环纹，前翅蓝黑色，翅上有多个长圆形的透明斑纹。

习性 幼虫以石楠、茶树等植物为寄主，能分泌毒液，成虫常出现于灌木丛及杂草丛叶片上。

褐带织蛾

Periacma delegata

鳞翅目
织蛾科
翅展：约 14mm

相遇日____________

特征 | 体黄褐色，前翅有 3 条黑色横带，第 1、2 列横带上下相连或无，第 3 列横带较粗且长，贯穿全翅，外缘线黑色，缘毛黄褐色。

习性 | 白天可见的小型蛾类，可见于灌木丛、杂草丛周边。

丝棉木金星尺蛾

Abraxas suspecta

鳞翅目
尺蛾科
翅展：33mm—43mm

相遇日________

特征 头、胸、腹部黄褐色，胸部背板有大块黑褐色斑纹，腹部有许多黑褐色小点，翅面白色，有不规则的淡灰色斑纹，前后翅基部及内侧近外缘各有 1 块棕褐色大斑。

习性 幼虫以丝棉木、黄杨、扶芳藤等植物为寄主，成虫常出现于树木及灌木丛叶片上。

拟柿星尺蛾

Percnia albinigrata

鳞翅目
尺蛾科
翅展：24mm—29mm

相遇日________

特征 | 头、胸、腹背部及前后翅均为白色，胸部和腹部背面有 2 排对称排列的黑色斑点，翅面散布圆形或椭圆形黑色斑点，其中翅面中心的斑点大于翅外缘的斑点。

习性 | 幼虫以柿、李、核桃、柳等植物为寄主，成虫常出现于灌木丛及杂草丛叶片上。

毛穿孔尺蛾

Corymica arnearia

鳞翅目
尺蛾科
翅展：12mm—14mm

相遇日____________

特征 下唇须、额和头顶白色。前后翅均有黑褐色小中点，前翅顶角处梯形斑色略深，翅反面散布数个中空的深灰褐色环斑及散点，前翅顶角之下及后缘端部的斑块深褐色，后翅后缘有 1 束长毛。

习性 夏季至秋季均可见成虫，具有趋光性，以香樟为寄主。

五彩枯斑翠尺蛾

Ochrongnesia gavissima

鳞翅目

尺蛾科

翅展：33mm—38mm

相遇日＿＿＿＿＿＿

特征 | 翅膀表面淡绿褐色，具白色、黄色、红褐色形成的特殊的美丽的斑纹。雌雄虫的差异在于，雄虫触角呈细双栉齿状，而雌虫触角呈丝状。无近似种。

习性 | 夜间活动，具有趋光性。

洋麻钩蛾

Cyclidia substigmaria

鳞翅目
圆钩蛾科
翅展：55mm—68mm

特征 | 前翅顶角微钩状，翅面灰白色，有不规则的灰褐色斑纹，翅展开时形成 2 条较粗的白色横带，前后翅后缘有 1 排较模糊的黑褐色斑点。

习性 | 幼虫以八角枫、洋麻为寄主，成虫常出现于树木及灌木丛叶片上。

*相遇日*____________

宁波尾大蚕蛾

Actias ningpoana

鳞翅目
天蚕蛾科
翅展：110mm—130mm

相遇日________

特征 | 体粗壮，布满白色绒毛，翅淡绿色，有淡褐色脉纹，前翅前缘棕褐色，前后翅均有 1 枚眼状斑纹，前翅眼纹后还有 1 条灰绿色的横带，后翅有细长的尾突，尾突末端常卷折。

习性 | 幼虫以枫杨、柳、乌桕、梨等植物为寄主，成虫常出现于树木及灌木丛叶片上。

王氏樗蚕蛾

Samia wangi

鳞翅目
天蚕蛾科
翅展：130mm—160mm

*相遇日*____________

特征｜身体粗壮，布满白色绒毛，翅青褐色，前翅顶角外突，较圆钝，形似蛇头，内侧有一黑色眼斑，眼斑上方有闪电形白线，前后翅上有月牙形半透明斑纹，斑纹前缘黑色，后缘黄色，内外线均为白色，镶黑边，外线外缘还有紫色宽带，纵跨前后翅。

习性｜幼虫以臭椿、乌桕、樟树等植物为寄主，成虫常出现于树木及灌木丛叶片上。

野蚕蛾

Bombyx mandarina

鳞翅目
蚕蛾科
翅展：35mm—46mm

*相遇日*__________

特征 | 胸、腹背部及翅面均为黄褐色，翅上有3条深褐色细纹，前翅顶角外伸，顶角外侧有大块深褐色斑。幼虫形似家蚕，但颜色较深，以褐色和灰色为主，低龄幼虫拟态鸟粪，高龄幼虫拟态树枝。

习性 | 幼虫以桑树、构树、栎树等植物为寄主，成虫常出现于灌木丛及杂草丛叶片上。

雀纹天蛾

Teretra japonica

鳞翅目
天蛾科
翅展：68mm—72mm

相遇日________

特征 体型肥胖，头、胸、腹背面深褐色，头、胸部两侧有灰白色绒毛，背部两侧有红褐色绒毛，前翅灰褐色，顶角至后缘有6条暗褐色斜纹，后翅黑褐色，后缘有橙灰色三角形斑纹。幼虫青绿色或褐色，第1、2腹节侧面各有1枚眼斑。

习性 幼虫以乌蔹莓、爬山虎等植物为寄主，成虫常出现于灌木丛及杂草丛叶片上。

咖啡透翅天蛾

Cephonodes hylas

鳞翅目
天蛾科
翅展：45mm—70mm

*相遇日*______________

特征 | 头、胸部背面黄绿色，腹部背面为黄绿色、紫红色和鲜黄色，末端毛丛黑色，翅透明，翅脉黑褐色，基部绿色，顶角黑色。

习性 | 幼虫以栀子花等茜草科植物为寄主，成虫喜访花，可在空中悬停，形似蜂鸟。

丁香天蛾

Psilogramma increta

鳞翅目
天蛾科
翅展：50mm—65mm

相遇日____________

特征 头部黑褐色，胸背棕褐色，肩板两侧有黑色纵线，后缘有 1 对黑斑，腹部背中央有较细的黑色纵带，两侧有较宽的黑色纵带，前翅灰白色，后翅棕黑色。

习性 幼虫以丁香、女贞等木樨科植物为寄主，成虫喜傍晚时访花。

甘薯天蛾

Agrius convolvuli

鳞翅目
天蛾科
翅展：90mm—120mm

相遇日________

特征 | 体、翅暗灰色，肩板有黑色纵线，腹部背面灰色，两侧各节有白、红、黑 3 条横线，前翅内横线、中横线及外横线各为 2 条深棕色的尖锯齿状带，顶角有黑色斜纹，后翅有 4 条暗褐色横带，缘毛白色及暗褐色相杂。

习性 | 幼虫以甘薯等旋花科植物为食，活跃于日出及黄昏时，有趋光性。

构月天蛾

Parum colligata

鳞翅目
天蛾科
翅展：35mm—80mm

相遇日＿＿＿＿＿＿

特征 体、翅褐绿色，胸部灰绿色，肩板棕褐色，前翅基线灰褐色，内线与外线之间呈比较宽的茶褐色带，中室末端有 1 个白点，外线暗紫色，顶角有 1 块略圆形的暗紫色斑，四周白色呈月牙形，顶角至后角间有弓形的白色带，后翅浓绿色，外线色较浅，后角有 1 条棕褐色斑。

习性 幼虫以构树为寄主，成虫具有趋光性。

榆绿天蛾

Callambulyx tatarinovii

鳞翅目
天蛾科
翅展：35mm—60mm

相遇日 ______________

特征 | 翅面绿色，胸部背面黑绿色，前翅前缘顶角有 1 块较大的多角形深绿色斑，后翅红色，后缘白色，外缘淡绿色，后角上有深色横条，翅反面黄绿色，腹部背面粉绿色，各节后缘有 1 条棕黄色横纹。

习性 | 幼虫以榆树为寄主，成虫具有趋光性。

榆掌舟蛾
Phalera takasagoensis

鳞翅目
舟蛾科
翅展：58mm—60mm

相遇日＿＿＿＿＿＿

特征 极度拟态枯树枝，停歇时体呈棍状，前翅灰褐色，带银色光泽，顶角有一淡黄色斑纹，形似树皮脱落后露出的树干，后缘棕褐色，呈圆弧状，形似树枝断面。

习性 幼虫以榆、杨、樱桃、板栗等植物为寄主，成虫常出现于灌木丛及杂草丛叶片上。

核桃美舟蛾

Uropyia meticulodina

鳞翅目
舟蛾科
翅展：44mm—53mm

相遇日 ____________

特征 | 头部赭色，颈板和腹部灰褐黄色，胸部背面暗棕色，前翅暗棕色，前、后缘各有 1 块黄褐色大斑，后翅淡黄色，后缘稍暗，脉端缘毛较暗。停落时拟态干枯树叶。

习性 | 幼虫以胡桃、胡桃楸等植物为食，具有趋光性。

缘黄毒蛾
Porthesia scintillans

鳞翅目
毒蛾科
翅展：20mm—38mm

相遇日________

特征 | 体暗黄褐色，前翅黄褐色至赤褐色，内、外线黄色，前缘、外缘和缘毛柠檬黄色，外缘和缘毛被黄褐色部分分隔成3段，后翅淡黄色。

习性 | 以多种果实及作物为食，具有趋光性。

折带黄毒蛾

Euproctis flava

鳞翅目
毒蛾科
翅展：25mm—42mm

*相遇日*______

特征 | 触角干浅黄色，栉齿棕黄色，下唇须橙黄色，头、胸和腹部浅橙黄色，足浅黄色，前足腿节和胫节浅橙黄色，前、后翅黄色，基部色浅，缘毛浅黄色。

习性 | 以樱桃、梨、海棠等多种植物为食，夏季可见成虫，具有趋光性。

蕾鹿蛾
Amata germana

鳞翅目
鹿蛾科
翅展：28mm—40mm

相遇日＿＿＿＿＿＿

特征 胸部背面黄色，有一黑褐色横纹，腹部黄色，背面有黑色横纹，翅型相对较窄，翅端较尖，前翅黑褐色，有多个透明翅窗。

习性 成虫喜访花，夜晚常见于灌木丛及杂草丛叶片上。

人纹污灯蛾

Spilarctia subcarnea

鳞翅日
灯蛾科
翅展：45mm—55mm

相遇日 ______________

特征 | 体、翅白色，腹部背面除基节与端节外皆红色，背面、侧面具黑点列，前翅外缘至后缘有一斜列黑点，两翅合拢时呈“人”字形，后翅略染红色。

习性 | 幼虫以菊花、金盏菊等植物为食。

优雪苔蛾

Cyana hamata

鳞翅目
灯蛾科
翅展：26mm—40mm

*相遇日*____________

特征 体白色，下唇须及触角褐色，颈板、胸及翅基片纹带和后胸斑点红色。雄蛾前翅亚基线红带向前缘扩宽，红色内线在中室向外折角达中室端的红点，并在亚中褶向内褶角后达后缘。

习性 趋光性较强，夜晚常被灯光吸引。

钩白肾夜蛾

Edessena hamada

鳞翅目
夜蛾科
翅展：约 40mm

相遇日________

特征 | 体灰褐色；前翅内线暗褐色，肾纹白色，后半向外折而突出，外线与亚端线暗褐色，呈波浪形，两线曲度相似；后翅横脉纹暗褐色，后半为 1 个白点，外线暗褐色，微外弯，亚端线暗褐色。

习性 | 夜间活动，具有趋光性。

胡桃豹夜蛾

Sinna extrema

鳞翅目
夜蛾科
翅展：32mm—40mm

*相遇日*________

特征 头、胸部及前翅底色白色，上有许多橘黄色条纹，前翅顶角处有1个由4枚小黑斑环绕着的大白斑，翅后缘白色，有3枚比较小的黑斑，后翅白色，边缘淡褐色。

习性 幼虫以胡桃、山核桃等植物为寄主，成虫夜晚常出现在树木和灌木丛叶片上。

枯艳叶夜蛾
Eudocima tyrannus

鳞翅目
夜蛾科
翅展：96mm—106mm

相遇日________

特征 | 头、胸部棕色，腹部杏黄色，触角丝状；前翅枯叶色深棕微绿，翅脉上有许多黑褐色小点，翅基部和中央有暗绿色圆纹；后翅杏黄色，中部有一肾形黑斑。

习性 | 幼虫以多种果树为食，在农业生产上具有一定危害性。

胖夜蛾

Orthogonia sera

鳞翅目
夜蛾科
翅展：56mm—68mm

相遇日________

特征 | 头、胸、腹及前翅棕褐色。前翅基线由3枚黑斑组成，前1斑呈三角形，外侧有1枚浅纹，后1斑后方有棕黑纹，中室近基部有1枚黑点。

习性 | 夜间活动，具有趋光性。

环绕夜蛾

Spirama helicina

鳞翅目
夜蛾科
翅展：50mm—60mm

*相遇日*______

特征 | 雌雄体色不同。雌蛾褐色至灰褐色，前翅蝌蚪形黑斑的尾部与外线近平行，外线黑色呈波状，其外侧至外缘还有 4 条波状黑色横线，其中 1 条由中部至后缘；雄蛾柴棕色至黑色，前翅蝌蚪形黑斑的尾部上旋与外线相连，外线至外缘有 4 条波状暗色横线，上端不达前缘。

习性 | 幼虫以合欢为寄主，成虫常出现于灌木丛及杂草丛叶片上，具有趋光性。

魔目夜蛾

Erebus ephesperis

鳞翅目
夜蛾科
翅展：77mm—90mm

相遇日______________

特征 头、胸部褐色，腹部有白色和褐色相间的环纹，翅型宽大，褐色，前翅各有 1 个八卦形眼斑，眼斑外侧和下方有 1 条白色粗横带，前后翅上还有 1 条较细的白线，翅平展时相连成弧状，亚端线为齿轮状，灰白色，有立体的斑影。

习性 成虫白天栖息于阴暗的林下和崖壁，夜晚常出现于灌木丛及杂草丛的叶片上。

日龟虎蛾

Chelonomorpha japona

鳞翅目
夜蛾科
翅展：56mm—63mm

*相遇日*______________

特征 | 头、胸部黑色，头顶、翅基有小块蓝斑，腹部黄色，背面有黑色横纹，前翅黑色，翅面有 4 列横向白斑，白斑数量较多，后翅内缘有大块黄斑，近中央有黑色斑纹，翅后缘黑色。

习性 | 幼虫以薯蓣等植物为寄主，成虫喜访花，飞行迅速。

大蚊

***Tipulidae* spp.**

双翅目
大蚊科
体长：10mm—15mm

相遇日____________

特征 体细长，少毛，呈棕黄色，翅透明，从不同角度看有彩虹色金属光泽，步足细长，呈黄褐色。

习性 夜晚常活动于树干及灌木丛、草丛等叶片上，足易折断，断后不再长出。

摇蚊
Chironomus sp.

双翅目
摇蚊科
体长：3mm—4.5mm

相遇日__________

特征 | 体黄绿色，头小，中胸背板隆起，有 3 条短粗的黑褐色纵纹，腹部黄绿色，背面有黑褐色横纹，前翅浅褐色，透明，步足淡褐色，有黑褐色环纹。

习性 | 幼虫水生。成虫常见于林缘、水边及田边，在闷热的傍晚常低飞。有趋光性。

白纹伊蚊

Aedes albopictus

双翅目
蚊科
体长：3mm—9mm

*相遇日*______________

特征 体黑褐色，前胸背板中央有 1 条白色纵纹，纵纹后有一白色的横向斑纹，腹部、体侧有白色斑点，步足黑褐色，有白色环纹，停歇时后足翘起。

习性 生活于阴暗潮湿的林下、水边、灌木丛等环境中，也会进入室内，雌蚊喜吸人血，户外和室内均会叮咬人体，传播多种疾病。

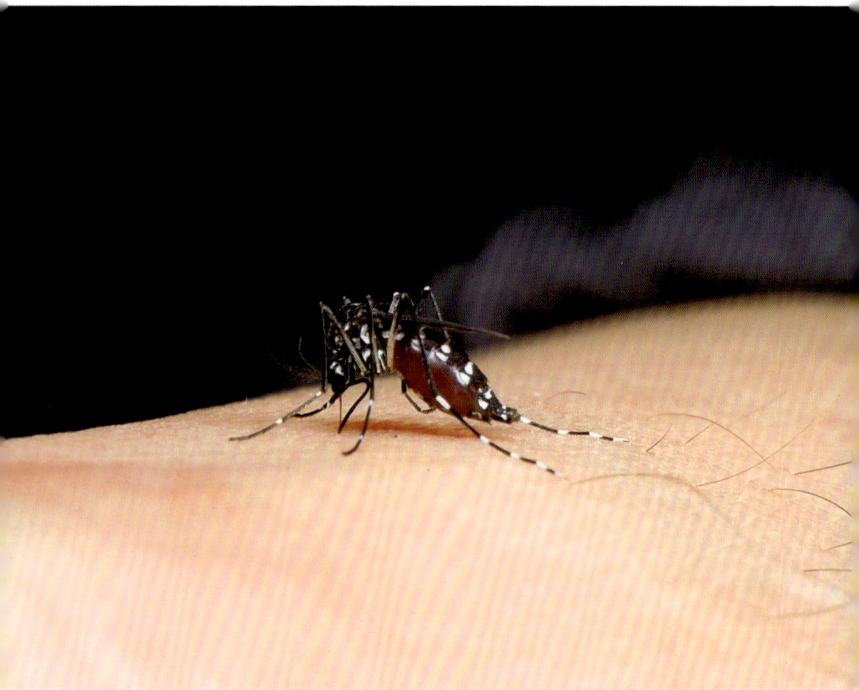

白斑蛾蠓
Clogmia albipunctata

双翅目
蛾蠓科
体长：约 3mm

相遇日________

特征 | 体灰褐色，翅膀布满灰色的细毛，翅面具 2 枚黑斑，翅缘具不明显的白斑。

习性 | 成虫生活在潮湿的室内及室外荫蔽处。幼虫生活在静水、污水环境中。

大蜂虻

Bombylius major

双翅目
蜂虻科
体长：12mm—14mm

*相遇日*____________

特征 | 体圆胖，形似熊蜂，全身布满黄褐色和黑褐色绒毛，头部前端有细长针状口器，前翅外缘有黑褐色带，大约占翅的一半，其余部分透明而有金属光泽。

习性 | 常活动于道路边阳光较好的灌木丛及草丛中。巢寄生，寄生于某些独居蜂，幼虫以蜂的幼虫和卵为食。

金黄指突水虻

Pteoticus aurifer

双翅目
水虻科
体长：15mm—23mm

相遇日＿＿＿＿＿＿

特征 | 复眼大，黑色，有金属光泽；触角丝状，第 2 节膨大，呈指状突起；胸、腹及步足均为黄褐色，腹部后端有大面积黑斑；翅棕黄色，后端有深色斑块。

习性 | 幼虫具腐食性，成虫常活动于室外厕所、禽畜养殖场及有垃圾或腐烂物的草丛中。

黑带食蚜蝇

Episyrphus balteatus

双翅目
食蚜蝇科
体长：8mm—11mm

相遇日 ____________

特征 复眼暗红色，胸部背板褐色，背板中央有2条褐色纵纹，腹部黄色，上有黑色横带，步足黄褐色。

习性 幼虫以各类蚜虫为食，成虫喜访花。

长尾管蚜蝇

Eristalis tenax

双翅目
食蚜蝇科
体长：约 14mm

*相遇日*__________

特征 | 头黑色，被毛，复眼被棕色毛，触角暗棕色；胸背板全黑，被黄白色毛，小盾片棕黄色；腹大部棕黄色，第 1 背板黑色，第 2、3 背板具“I”形黑斑，第 4、5 背板大部黑色。

习性 | 幼虫以各类蚜虫为食，成虫喜访花。

狭带条胸蚜蝇

Helophilus virgatus

双翅目
食蚜蝇科
体长：10mm—15mm

相遇日________

特征 复眼黑褐色，胸部背板褐色，布满金黄色毛，有2条较细的黄色纵纹，腹部背面黑色，前端有中间窄、两边粗的黄色横纹，后端有较细的黄色横纹，步足棕黑色。

习性 幼虫以各类蚜虫为食，成虫喜访花。

羽芒宽盾蚜蝇

Phytomia zonata

双翅目
食蚜蝇科
体长：12mm—15mm

相遇日＿＿＿＿＿＿

特征｜体型短粗，复眼蓝黑色，具紫褐色斜纹，胸部背板黑褐色，布满红棕色毛，腹部背面黑褐色，有一较宽的黄色横带，步足黑褐色。

习性｜幼虫以各类蚜虫为食，成虫喜访花。

黄跗斑眼蚜蝇

Eristalinus quinquestriatus

双翅目
食蚜蝇科
体长：10mm—12mm

相遇日______________

特征 | 体型短粗，雌雄虫胸背皆具黄白色纵带，小盾片棕色，腹部第 2 节背面具两侧宽阔、中间狭窄的黄白色横带，前中足胫节大部分黄白色。

习性 | 幼虫具腐食性，成虫喜访花。

大灰优食蚜蝇

Eupeodes corollae

双翅目
食蚜蝇科
体长：9mm—10mm

相遇日________

特征 | 头顶三角区黑色，具黑色短毛，额、面部棕黄色，触角棕黄色至黑褐色，中胸背板暗绿色，被黄色毛；腹部黑色，雌虫腹部黄斑完全分离；足棕黄色，后足腿节部分黑色；翅透明，翅痣黄色，平衡棒黄色。

习性 | 幼虫以各类蚜虫为食，成虫喜访花。

温寄蝇

***Winthemia* sp.**

双翅目
寄蝇科
体长：8mm—10mm

相遇日____________

特征 复眼红色，体棕灰色，胸背具模糊的黑褐色纵带，腹部有黑色色带，中央具模糊的暗色纵带，腹末上有许多黑色鬃毛，步足黑色。

习性 幼虫寄生于鳞翅目昆虫的幼虫体内，取食寄主体液，成熟后钻出体外化蛹，成虫喜访花。

家蝇

Musca sp.

双翅目
蝇科
体长：6mm—8mm

*相遇日*__________

特征 | 复眼红色，有金属光泽，体灰黑色，被棕黄色毛，胸背上有黑色纵带纹。

习性 | 成虫全年可见，喜欢在腐败物周围活动，幼虫生活于腐败物或粪便中。

丝光绿蝇
Lucilia sericata

双翅目
丽蝇科
体长：5mm—9mm

相遇日____________

特征 | 喙黑，胸部呈金属绿或蓝色，带有彩虹色，前盾片灰色粉被明显，翅透明，翅肩鳞黑，前缘基鳞黄色。

习性 | 分布区域较广，幼虫为尸食性，以腐败动物质类为食。

食虫虻

***Asilidae* spp.**

双翅目
食虫虻科
体长：20mm—28mm

相遇日____________

特征 | 复眼大，呈绿色和红褐色，口器粗壮，呈黑色，周围密布白色长绒毛；胸部背板隆起，呈黄褐色，有 2 条黑褐色纵纹，腹部黄褐色，末端黑色；步足黄褐色，腿节和跗节有黑色斑纹。

习性 | 常活动于灌木丛和杂草丛中，习性凶猛，以蝇类、蝴蝶、蛾子、蝗虫等中小型昆虫为食。

捕食中

斑翅马尾姬蜂

Megarhyssa praecellens

膜翅目
姬蜂科
体长：20mm—44mm

相遇日 ____________

特征 头、胸部黄色，面部具刻点，头顶一横条，沿后头脊黑色，触角暗红色，腹部背面赤褐色，翅痣黄褐色。

习性 具寄生性，以各种树蜂和天牛幼虫为寄主。

黑点瘤姬蜂

Xanthopimpla sp.

膜翅目
姬蜂科
体长：约 12mm

*相遇日*______________

特征 | 体黄色，触角细长，呈褐色，前胸背板及腹部各节外缘有成对出现的稀疏点状斑。

习性 | 以多种昆虫为寄主。

东方蜜蜂

Apis cerana

膜翅目
蜜蜂科
体长：10mm—13mm

相遇日＿＿＿＿＿＿＿＿

特征 | 工蜂头、胸背部黑褐色，布满褐色绒毛，腹部背面有黑黄相间的环纹，环纹密而均匀，且黑色环纹较宽，后足胫节有花粉篮。不同蜂群间工蜂腹部颜色有所差异。雄蜂体黑色。

习性 | 中国本土蜂种。具社会性，在野外树洞、岩洞等隐蔽场所筑巢，喜访花，人工饲养较少。

无垫蜂

Amegilla sp.

膜翅目
蜜蜂科
体长：13mm—17mm

相遇日 ______

特征 | 体黑褐色，头、胸和步足布满黄褐色绒毛，腹部有 4 条灰绿色毛带形成的环纹。

习性 | 夜晚用上颚咬住植物茎干休息，喜访花，飞行能力强。

熊蜂

***Bombus* sp.**

膜翅目
蜜蜂科
体长：20mm—25mm

相遇日______________

特征 工蜂体型粗壮，唇基隆起，吻较长，胸、腹背面及侧面布满橙黄色绒毛，翅膀烟黑色，后足胫节有花粉篮，胫节外侧光滑，边缘有长毛。

习性 具社会性，喜访花。

长须蜂

Eucera sp.

膜翅目
蜜蜂科
体长：约 15mm

相遇日______________

特征｜体黑色，全身密布白毛，胸部背面被金黄色长毛。雄蜂触角极长。

习性｜成虫喜访花，夜晚用上颚咬住植物茎干或叶片休息。

黄胸木蜂
Xylocopa appendiculata

膜翅目
蜜蜂科
体长：25mm—30mm

*相遇日*____________

特征 | 体型粗壮，身体为黑色，胸部及腹部第 1 节背板布满黄色绒毛，中胸背板中央光滑无毛，翅膀暗褐色，端部色深，有蓝紫色光泽。

习性 | 雌蜂于木质的房梁、柱子等木材上蛀孔营巢，成虫喜访花，飞行动静大。

青蜂

Chrysididae spp.

膜翅目
蜜蜂科
体长：2mm—18mm

相遇日________

特征 | 体绿或蓝色，有金属光泽，腹部可弯曲，受惊时能弯曲成球形。

习性 | 具寄生性，多寄生于鳞翅目、蜜蜂类成虫或黄蜂幼虫等身上。

金环胡蜂

Vespa mandarinia

膜翅目
胡蜂科
体长：35mm—50mm

相遇日________

特征 体型粗壮，头大，宽于前胸背板，体橘红色，胸部背板黑褐色，有棕红色斑纹，腹部橘黄色，有黑褐色环纹，末端尖，几乎全黄色。不同个体颜色斑纹有差异，根据体色可分为黑色、黄色、红色 3 种色型。

习性 于树洞、土穴内筑巢，捕食各种昆虫，也喜欢吸食树汁及水果。性情凶猛，毒性强，但一般受到惊扰后才攻击人，因此如遇见不用过度惊慌。

变侧异腹胡蜂

Parapolybia varia

膜翅目
胡蜂科
体长：15mm—20mm

相遇日____________

特征 | 头部与胸部宽略等，前胸背板前缘略隆起，两肩角明显，呈黄色，但于近侧缘处有一深褐色带状斑，被短绒毛。本种体斑变化多，中胸背板有的无斑，腹部斑等均会有变化，颜色深浅亦有变化。

习性 | 常在低矮的灌木叶间筑巢。

沙泥蜂

***Ammophila* sp.**

膜翅目
泥蜂科
体长：15mm—20mm

相遇日 ____________

特征 | 体黑色，腹柄细长，下侧黄色，腹部后端黑色，翅膀淡褐色，翅脉颜色较深，步足黑色。

习性 | 用唾液和泥土混合后筑巢，每个巢室产 1 枚卵，存放 1 只麻醉后的蜘蛛或昆虫并封闭巢口，幼虫在其中发育。

朴童锤角叶蜂

Agenocimbex maculatus

膜翅目
锤角叶蜂科
体长：16mm—18mm

相遇日______________

特征 | 体粗壮，呈棕黄色，触角锤状，腹部宽，腹侧有 1 排黑色圆点。

习性 | 幼虫以朴树叶片为食。

中华半蛛蜂

Hemipepsis sinensis

膜翅目
蛛蜂科
体长：约 15mm

相遇日 ______________

特征 中等体型，体橙褐色，触角黄褐色，端部尖，呈卷曲状，胸背板上缘左右各有 1 条黄褐色的横纹，翅膀蓝黑色，具光泽，步足褐色。

习性 成虫喜访花，常在地面寻找蜘蛛作为猎物，飞行快速、敏捷。

山大齿猛蚁
Odontomachus monticola

膜翅目
蚁科
体长：10mm—11mm

相遇日____________

特征｜体黄褐色至黑褐色，头部宽大且扁，中央凹陷，大颚发达，呈镰刀状，前中胸分节明显，有腹柄，腹部细长，末端渐尖，有螫针。

习性｜常在地面及草丛中活动，以小型昆虫和动物尸体为食，大颚咬合力强。

日本弓背蚁

Camponotus japonicus

膜翅目
蚁科
体长：8mm—14mm

*相遇日*____________

特征 体黑色，头大，近三角形，上颚发达，胸部背板稍隆起，呈弓形，后部急剧侧扁，腹部呈椭圆形，有3条浅色环纹，有光泽。

习性 常在地面及草丛中活动，以小型昆虫、蜜露和植物分泌物为食。

卡林弓背蚁

Camponotus carin

膜翅目
蚁科
体长：8mm—14mm

相遇日________

特征 | 体型瘦长，头部、腹部黑褐色，胸部及步足黄褐色，头部宽大，大颚发达，胸部背板窄长，稍隆起，呈弓形。

习性 | 常在地面及植物叶片上活动，以花蜜、蜜露和植物分泌物为食。

刻纹棱胸切叶蚁

Pristomyrmex punctatus

膜翅目
蚁科
体长：2mm—3mm

相遇日____________

特征 体红褐色，头、胸部背面有细密的网状刻纹，中胸背板后缘有 1 对长刺，腹部圆球形，有光泽。

习性 生活于落叶层及朽木缝隙中，常在植物嫩茎和叶片上活动，以小型昆虫和植物种子为食，会“放牧”蚜虫以取食蜜露，可孤雌生殖。

中华虎甲

Cicindela chinenesis

鞘翅目
步甲科
体长：17mm—22mm

*相遇日*__________

特征 | 体色有强烈的金属光泽，头部和前胸背板前缘绿色，背板中部紫红色，鞘翅底色红色，有 2 对对称排列的深蓝色斑，翅后端的蓝斑内有 1 对白色横纹和 1 对白色斑点，步足有红、蓝、绿等多种金属色。

习性 | 幼虫生活于成虫挖掘的垂直形土穴中，受惊则退入洞内，成虫常出现于山道土路上，以各种小型昆虫为食。

星斑虎甲

Cicindela raleea

鞘翅目
步甲科
体长：8mm—9mm

*相遇日*______________

特征 | 体深绿色至黑色，有光泽，鞘翅上有3对白斑，沿着中缝线对称排列，第2对白斑外侧另有1枚白色短横斑，不同个体鞘翅斑纹变化大，有的白色斑点几乎全部消失。

习性 | 活动于灌木丛、杂草丛和地面，以各种小型昆虫为食。

钳端虎甲

Cylindera lobipennis

鞘翅目
步甲科
体长：16mm—18mm

相遇日____________

特征 | 体背铁锈色，稍具铜色光泽，上唇和上颚基半部背面淡黄色，体腹面和足墨绿色，胸部两侧具铜色光泽，翅上有 1 对浅色斑。

习性 | 活动于灌木丛、杂草丛和地面，以各种小型昆虫为食。

拉步甲

Carabus lafossei

鞘翅目
步甲科
体长：33mm—40mm

*相遇日*________

特征 | 头部、前胸背板及鞘翅外缘均为红铜色，鞘翅金属绿色，鞘翅上有6条瘤突组成的纵纹，其中3条较粗，3条较细，步足黑色。不同个体色型差异大，另有紫色、黄色等色型，但鞘翅外缘与头、胸部背板颜色一致，可依此辨识。

习性 | 活动于杂草丛和地面，以蜗牛、蛞蝓、鳞翅目幼虫等小动物为食。

疑步甲

Carabus elysii

鞘翅目
步甲科
体长：25mm—35mm

相遇日__________

特征 | 头部、前胸背板红铜色，鞘翅暗褐色，鞘翅上有 6 条由瘤突组成的纵纹，其中 3 条较粗，3 条较细，步足黑色。本种与拉步甲近似，但鞘翅颜色不如拉步甲亮丽，且外缘线很细，可依此区分。

习性 | 活动于杂草丛和地面，以蜗牛、蛞蝓、鳞翅目幼虫等小动物为食。

铜绿婪步甲

Harpalus chalcentus

鞘翅目
步甲科
体长：10mm—20mm

*相遇日*__________

特征 上唇前缘略凹入，复眼大而凸，触角伸达到前胸背板基角；前胸背板中部最宽，前缘中段缘边消失，前角稍凸圆，基角钝圆，胸面前区散布小刻点，侧沟内及其附近刻点粗而密，基窝略纵深；鞘翅肩角钝，顶端的小齿锐突，端角圆形。

习性 活动于杂草丛和地面，具有捕食性。

逗斑青步甲

Chlaenius virgulifer

鞘翅目
步甲科
体长：12mm—14mm

*相遇日*______

特征 | 头部、前胸背板青绿色，鞘翅暗绿色，均有紫铜色光泽，上有多条细纵沟，翅端部各有 1 个类似逗号的黄斑，黄斑在鞘翅末端相连，形成 1 个深绿色或紫铜色的箭头状斑纹，触角及步足黄褐色。

习性 | 活动于地面，以蜗牛、鳞翅目幼虫等小动物为食。

混宽龙虱

Sandracottu mixtus

鞘翅目
龙虱科
体长：12mm—15mm

*相遇日*____________

特征 身体呈卵形，头部、前胸背板黄色，头后有一黑色横带，复眼灰色，鞘翅浅黄色，有 2 道较宽的黑色波浪形横带，另有数列纵向排列的小黑点，翅缝同样为黑色，后足为游泳足，侧扁，呈棕褐色，有长毛。

习性 生活于池塘，以水生昆虫、小鱼、小虾和蝌蚪为食。鞘翅和腹部间有气室，可储存氧气，游泳潜水时不断从腹部末端排出气泡。

中华扁锹甲

Dorcus titanus

鞘翅目
锹甲科
体长：27mm—72mm

*相遇日*____________

特征 | 体宽扁，呈黑褐色至黑色，有光泽。雄虫大颚发达，内侧有锯齿，小型个体的雄虫锯齿不明显或消失，鞘翅表面较光滑，各足胫节有尖锐的小齿。雌虫体小，头部具细密刻点，大颚小。

习性 | 常活动于树干上及树缝中，喜食树汁及烂水果。

中国大锹

Dorcus hopei

鞘翅目
锹甲科
体长：31mm—75mm

相遇日 ____________

特征 体宽扁，呈黑褐色至黑色，有光泽。雄虫大颚弧形，内齿发达，大颚内侧无锯齿；雌虫体小，大颚小，头部明显窄于前胸。

习性 常活动于树干上及树缝中，喜食树汁及烂水果。

♀

♂

双叉犀金龟

Allomyrina dichotoma

鞘翅目
犀金龟科
体长：35mm—60mm

相遇日________

特征 | 体型粗壮，呈红棕色至黑褐色。雄虫体表光亮，头上有一“Y”字形且端部分叉的角突，前胸背板隆起，中间有一短粗且端部分叉的前伸角突，不同个体间差异大，部分雄虫角突很小甚至几乎消失；雌虫无角突，体表较粗糙。

习性 | 常活动于树干上及树缝中，喜食树汁及烂水果。

华晓扁犀金龟

Eophileurus chinensis

鞘翅目
犀金龟科
体长：21mm—25mm

*相遇日*______________

特征 | 体黑色，有光泽，前胸背板宽大，具细密刻点，中央有明显的凹陷，鞘翅有细密刻点组成的纵条纹。雄虫头部有个直立的小犄角；雌虫不具犄角，仅有小突起，前胸背板的凹陷也不明显。

习性 | 常活动于树干上及树缝中，喜食树汁及烂水果，也捕食其他小型昆虫。

暗黑鳃金龟

Holotrichia parallela

鞘翅目
鳃金龟科
体长：17mm—22mm

相遇日________

特征 | 体黑褐色或暗褐色，无光泽，布满灰白色绒毛，头部及前胸背板有浅灰色密集又大的刻点，鞘翅上各有4条较明显的肋纹，刻点相对较小。

习性 | 幼虫生活于土中，以植物地下根为食，成虫夜晚常聚集于桑树、构树、苎麻等植物上，食性广，以多种植物叶片为食，常边进食边交尾。

大黑鳃金龟

Holotrichia gebleri

鞘翅目
鳃金龟科
体长：20mm—23mm

相遇日________

特征 体黑色或黑褐色，有光泽，触角鳃叶状，棒状部 3 节，头部、前胸背板和鞘翅均布满浅灰色的粗刻点，鞘翅上各有 4 条较明显的肋纹。

习性 幼虫生活于土中，以植物地下根为食，成虫夜晚常聚集于桑树、构树、苎麻等植物上，食性广，以多种植物叶片为食。

黑绒绢金龟

Serica orientalis

鞘翅目
鳃金龟科
体长：6mm—9mm

*相遇日*__________

特征 | 体卵圆形，呈黑色或黑褐色，布满黑色短绒毛，头、胸、腹部边缘有少量刺毛，鞘翅上有 9 条细密刻点形成的纵沟，步足红褐色。

习性 | 幼虫生活于土中，以植物地下根为食，成虫常活动于月季、榆树、杨树等百余种草本和木本植物上，食性广，以多种植物叶片和花为食。

斑喙丽金龟

Adoretus tenuimaculatus

鞘翅目
丽金龟科
体长：9mm—11mm

相遇日________

特征 体椭圆形，呈褐色，全身布满乳白色披针形鳞片，头大，唇基近半圆形，上唇下方中部向下延伸似喙，前胸背板短阔，前后缘近平行，鞘翅上有 3 条较明显的纵肋，纵肋上有鳞片多而聚集成的白斑。

习性 幼虫生活于土中，以植物地下根为食，成虫夜晚常活动于葡萄、玉米、芝麻、榆树等植物上，食性广，以几十种植物叶片为食。

铜绿异丽金龟

Anomala corpulenta

鞘翅目
丽金龟科
体长：16mm—22mm

相遇日________

特征 | 身体呈卵形，铜绿色，有光泽，全身布满刻点，头部和前胸背板颜色较深，鞘翅颜色较淡，鞘翅上各有4条纵肋，翅边缘有膜质饰边。

习性 | 幼虫生活于土中，以玉米、红薯等植物地下根为食，成虫夜晚常活动于杨树、柳树、梨树、核桃等植物上，以各种林木和果树叶片为食。

黄粉鹿花金龟

Dicronocephalus bowringi

鞘翅目
花金龟科
体长：19mm—25mm

*相遇日*________

特征 体红棕色，前胸背板色深，全身被黄绿色粉层。雄虫唇基强烈突出，呈鹿角状，角突端部尖，不分叉，中部上缘有一齿突，前胸背板有 2 条黑褐色纵纹，前足发达，跗节长于胫节。雌虫唇基大，无角突，步足正常，前足跗节较短。

习性 常聚集于树干上吸食树汁，也喜访花，吸食花蜜，受惊扰时常腾空四足，做张牙舞爪状。

东方星花金龟

Protaetia orientalis

鞘翅目
花金龟科
体长：20mm—26mm

相遇日________

特征 | 前胸背板及鞘翅具密集刻点，鞘翅较宽，有强烈光泽，鞘翅端部微弱向后突起，中胸腹板突起较小，呈扇状。中国大陆所有种均属于该亚种。色彩与光泽因地理分布不同而有不同，个体变异可识别。

习性 | 幼虫生活于腐殖质丰富的松土或堆肥中，成虫常聚集于树干上吸食树汁，也喜食花蜜和烂水果。

嗡蜣螂

***Onthophagus* sp.**

鞘翅目
金龟科
体长：8mm—10mm

相遇日______

特征 体椭圆形，呈黑色，头大，前部半圆形，唇基中央略向内凹，头顶有一矮状中突，前胸背板拱起，布满刻点，鞘翅散布刻点，各有 7 条明显的刻点沟。

习性 成虫和幼虫均以动物粪便为食，成虫遇惊扰后有假死习性。

异色瓢虫

Harmonia axyridis

鞘翅目
瓢虫科
体长：5mm—8mm

*相遇日*____________

特征 | 体卵圆形，背部拱起，无毛。体色及斑纹极其多变，有几十种色型，较常见的有橙底黑斑型和黑底橙斑型。鞘翅末端有 1 个横脊，区别于七星瓢虫等常见种类。

习性 | 常活动于灌木丛和杂草丛中，出现在海桐、野豌豆、苦苣菜等易滋生蚜虫的植物上，幼虫和成虫均以蚜虫、蚧壳虫等为食。

七星瓢虫

Coccinella septempunctata

鞘翅目
瓢虫科
体长：5mm—7mm

*相遇日*__________

特征 体卵圆形，背部拱起，无毛，头部黑色，复眼间具白斑，前胸背板黑色，两侧各有 1 个近方形的白斑，鞘翅红色或橙黄色，共有 7 个黑斑，其中翅基处的黑斑左右两侧各有 1 个小白斑。部分个体色型有变异，翅上黑斑相连接。

习性 常活动于灌木丛和杂草丛中，出现在野豌豆、苦苣菜等易滋生蚜虫的植物上，幼虫和成虫均以蚜虫、蚧壳虫等为食。

食植瓢虫

Epilachna sp.

鞘翅目
瓢虫科
体长：9.5mm—10.5mm

相遇日＿＿＿＿＿＿

特征 | 体圆而大，背部有毛，其上有若干个黑色斑块。

习性 | 生活在灌木丛、草丛等环境，纯植食性，以植物为食。

四斑裸瓢虫

Calvia muiri

鞘翅目
瓢虫科
体长：3mm—5mm

相遇日________

特征 体卵圆形，背部拱起，无毛，头部和前胸背板黄褐色，前胸背板后部有4个白斑，鞘翅橙褐色，颜色深，各有6个白斑，翅肩部另有1个很小的白斑，步足黄褐色。

习性 常活动于灌木丛及杂草丛中，幼虫和成虫均以蚜虫为食。

龟纹瓢虫

Propylea japonica

鞘翅目
瓢虫科
体长：3mm—5mm

*相遇日*__________

特征 | 外观变化极大：标准型，翅鞘上的黑色斑呈龟纹状；无纹型，翅鞘除接缝处有黑线外，全为单纯橙色；另外有四黑斑型、前二黑斑型、后二黑斑型等。

习性 | 常活动于植物枝叶间，幼虫和成虫均以蚜虫为食。

四斑原伪瓢虫

Eumorphus quadriguttatus

鞘翅目
伪瓢虫科
体长：10mm—12mm

相遇日 ____________

特征 体黑色，有光泽，触角长，末端 3 节侧扁，前胸背板宽大略扁，前缘呈尖角突出，鞘翅黑色，各有 2 个横向的黄色斑纹，各足腿节粉红色，近基节黑色。

习性 夜晚常活动于树干和朽木上，以真菌为食。

十星瓢萤叶甲

Oides decempunctatus

鞘翅目
叶甲科
体长：10mm—14mm

相遇日______

特征 | 体椭圆形，呈黄褐色，背部拱起，密布刻点，复眼黑色，触角淡黄色，末端几节黑色，鞘翅宽大，共有 10 个黑色圆斑，略排成 3 行。

习性 | 常活动于葡萄、乌蔹莓等葡萄科植物茎叶上，以寄主植物叶片为食，受惊扰后会分泌黄色恶臭液体。

绿缘扁角叶甲

Platycorynus parryi

鞘翅目
叶甲科
体长：7mm—10mm

*相遇日*________

特征 体色十分艳丽，周身有强烈金属光泽，前胸背板紫铜色，头部、前胸背板侧缘、鞘翅和步足蓝绿色，鞘翅还有黄色和紫红色等金属色，刻点细而密。

习性 常活动于络石等植物茎叶上，以寄主植物叶片为食，成虫受惊扰后有假死习性。

黄足黑守瓜

Aulacophora lewisii

鞘翅目
叶甲科
体长：5mm—7mm

*相遇日*__________

特征 | 全身极光亮，头部、前胸节和腹部橙黄至橙红色，上唇、鞘翅、中胸和后胸腹板、侧板以及各足均为黑色，触角熏烟色，鞘翅具较强光泽，鞘翅上具密细刻点。

习性 | 常活动于菜园，以瓜类叶、茎、花器及幼瓜为食。

核桃扁叶甲

Gastrolina depressa

鞘翅目
叶甲科
体长：5mm—7mm

相遇日＿＿＿＿＿＿

特征 体型长方，头小，中央凹陷，刻点粗密，触角短，端部粗，背面扁平，前胸背板淡棕黄，头、鞘翅蓝黑色，触角、足全部黑色，腹部暗棕色，外侧缘和端缘棕黄色。

习性 春、夏常活动于枫杨树上，以枫杨叶片为食。

正在交尾的一对成虫

黑额光叶甲

Smaragdina nigrifrons

鞘翅目
肖叶甲科
体长：5mm—7mm

相遇日＿＿＿＿＿＿

特征 | 体长卵形，头部、触角和步足均为黑色，前胸背板和鞘翅橙红色，鞘翅上常有 2 列黑色横斑，不同个体鞘翅上的斑纹变异较大，有的横斑相连，有的则几乎看不到黑色斑纹。

习性 | 常活动于禾本科等植物茎叶上，以寄主植物叶片为食。

沟眶象
Eucryptorrhynchus scrobiculatus

鞘翅目
象甲科
体长：13mm—18mm

*相遇日*______________

特征 | 胸部背面、前翅基部及端部 1/3 处密被白色鳞片，并杂有红黄色鳞片，前翅基部外侧特别向外突出，中部花纹似龟纹，鞘翅上刻点粗。

习性 | 常活动在林间，主要蛀食树木根部。

臭椿沟眶象

Eucryptorrhynchus brandti

鞘翅目
象甲科
体长：约 11mm

相遇日____________

特征 | 体黑色，额部窄，中间无凹窝，头部布有小刻点，前胸背板和鞘翅上密布粗大刻点，前胸前窄后宽，前胸背板、鞘翅肩部及端部布有白色鳞片形成的大斑，稀疏掺杂红黄色鳞片。

习性 | 常活动在林间，主要蛀食树干，这一点与沟眶象做区分。

灰象

Sympiezomias citri

鞘翅目
象甲科
体长：7mm—10mm

相遇日

特征 体灰褐色，头及口吻短而粗，背面黑色，一直延伸至前胸背板后缘，形成 1 条黑色宽纵纹，纵纹中有 1 条细纵沟，鞘翅有多条细刻点组成的纵纹，中部有 2 个白色横斑。

习性 常活动于柑橘、桃、李等植物叶片上，以嫩叶和幼果为食。

蛮喙锥象

***Agriorrhynchus* sp.**

鞘翅目
三锥象科
体长：8mm—12mm

相遇日

特征 | 身体细长，呈圆筒状，棕红色。

习性 | 常活动于树木、灌木丛间，叶片上可见。

白背粉天牛

Olenecamptus cretaceus

鞘翅目
天牛科
体长：14mm—25mm

相遇日________

特征 体棕红色到深棕色，腹面较深，腹面及背面中区密被白色粉毛，腹面中央较稀、两侧较厚，背面中区粉毛极厚，有如涂上一层白粉，侧区无粉。

习性 常活动于榉树周边，幼虫蛀食韧皮部和木质部，排出木屑状的粪便，成虫以嫩枝、树皮和树汁为食，具有趋光性。

华星天牛

Anoplophora chinensis

鞘翅目
天牛科
体长：24mm—35mm

相遇日______________

特征 | 体黑色，触角上有淡蓝色环纹，前胸背板侧面有粗壮的刺突，鞘翅基部布满颗粒，鞘翅上有多排白色斑点，步足腿节和胫节有蓝色斑，跗节几乎全为蓝色。不同个体鞘翅上的白色斑点有变异，有的斑点合并，有的则消失。

习性 | 常活动于柳树、杨树、榆树等植物树干上，幼虫蛀食韧皮部和木质部，排出木屑状的粪便，成虫以嫩枝、树皮和树汁为食。

黄星天牛
Psacothea hilaris

鞘翅目
天牛科
体长：15mm—23mm

*相遇日*______________

特征 体黑褐色，密生黄白色或灰绿色短绒毛，体生黄色点纹，头顶有1条黄色纵带，触角较长，鞘翅上有十几个黄斑点。

习性 常活动于桑科植物树干周边，幼虫蛀食韧皮部和木质部，排出木屑状的粪便，成虫以嫩枝、树皮和树汁为食。

中华裸角天牛
Aegosoma sinicum

鞘翅目
天牛科
体长：30mm—55mm

相遇日____________

特征 | 体暗褐色或赤褐色，触角黑褐色，第 1—5 节布满刺状疣粒，十分粗糙，前胸背板近似梯形，边缘有金黄色短毛，鞘翅上有 3—4 条明显的细纵脊。

习性 | 常活动于柳树、杨树、榆树等植物树干上，幼虫蛀食韧皮部和木质部，排出木屑状的粪便，成虫以嫩枝、树皮和树汁为食。

云斑白条天牛

Batocera lineolata

鞘翅目
天牛科
体长：40mm—73mm

相遇日 ______

特征 | 体型较大，体灰褐色至黑褐色，全身布满灰白色或灰褐色绒毛，前胸背板有 1 对肾形的淡黄色毛斑，两侧有粗壮的刺突，鞘翅基部有密集的黑色颗粒，翅上有黄色和白色绒毛组成的不规则云状斑纹。

习性 | 常活动于柳树、杨树、核桃等植物树干上，幼虫蛀食韧皮部和木质部，排出木屑状的粪便，成虫以嫩枝、树皮和树汁为食。

皱胸粒肩天牛

Apriona rugicollis

鞘翅目
天牛科
体长：31mm—47mm

*相遇日*________

特征 | 体黑色，密被绒毛，一般背面青棕色，腹面棕黄色，有的腹面也是青棕色，或背、腹部都呈棕黄色，深淡不一，鞘翅中缝及侧缘、端缘通常有1条青灰色狭边，鞘翅基部密布黑色光亮的瘤状颗粒。

习性 | 常活动在森林及林缘，以桑、苹果、花红、海棠、樱桃、梨、榆、柳、杏、桃等多种植物为食。

刺角天牛

Trirachys orientalis

鞘翅目
天牛科
体长：35mm—50mm

相遇日＿＿＿＿＿＿

特征 | 体深灰黑色，全身布满棕黄色及银灰色绒毛，有光泽，触角上多节基部有细刺，前胸背板有横皱纹，两侧刺突较短，鞘翅肩部隆起。

习性 | 常活动于柳树、杨树、刺槐等植物树干上，幼虫蛀食韧皮部和木质部，排出木屑状的粪便，成虫以嫩枝、树皮和树汁为食。

苎麻双脊天牛

Paraglenea fortunei

鞘翅目
天牛科
体长：8mm—15mm

相遇日______

特征 | 头部黑色，两侧淡蓝色，触角黑色，前2节有淡蓝色斑纹，前胸背板淡蓝色，有2枚黑色斑，鞘翅上有黑色及淡蓝色相间的大块斑纹，步足淡蓝色与黑色相间。不同个体体色有变异，有的为黄白色，鞘翅斑纹大小和数量也有变化。

习性 | 常活动于苎麻植株上，幼虫以苎麻为寄主，成虫取食苎麻叶片。

松墨天牛
Monchamus alternatus

鞘翅目
天牛科
体长：15mm—28mm

*相遇日*____________

特征 体黄褐色、灰褐色为主，触角棕褐色，前胸背板有 2 条较粗的橙黄色纵纹，两侧有圆锥形刺突，鞘翅各有 5 条灰白色纵纹，与 6 条黄褐色纵纹相间，纵纹上有黑色斑点。

习性 常活动于马尾松、黄山松等各种松树及杉树上，是松材线虫的主要媒介昆虫，幼虫蛀食韧皮部和木质部，排出木屑状的粪便，成虫以嫩枝、树皮为食。

绒脊长额天牛

Aromia bungii

鞘翅目
天牛科
体长：18mm—28mm

相遇日________

特征 | 体黑色，被灰黄及黑色绒毛，头、前胸背板中区、触角、足及鞘翅中部之后侧缘黑色，触角鞭状，前胸两侧及鞘翅大部分被灰黄色绒毛，每个鞘翅基中区有 2 个以上瘤突。

习性 | 幼虫在八角金盘内蛀食木质部，形成蛀道，并将粪便从蛀道排出，成虫则主要取食八角金盘嫩梢表皮、叶柄和叶片。

眼斑齿胫天牛

Paraleprodera diophthalma

鞘翅目
天牛科
体长：约 23mm

相遇日＿＿＿＿＿＿

特征 | 鞘翅基部中央有 1 个眼状斑，该斑中间有 7—8 个光亮的颗粒，周围有 1 圈黑褐色绒毛，翅面中部外侧有 1 条大型近半圆形的深咖啡色斑纹，并镶有黑边。

习性 | 常活动在树林中，以植物为食。

二斑黑绒天牛

Embrikstrandia bimaculata

鞘翅目
天牛科
体长：21mm—27mm

相遇日________

特征 | 鞘翅黑色部分被黑色绒毛，黄褐斑纹被淡黄色绒毛，腹部着生少许银灰色绒毛，鞘翅两侧近于平行，后端稍窄，端缘圆形，翅面刻点细密，彼此接触，每翅黄斑内隐约可见3条纵脊纹。

习性 | 活动于林缘道旁上，以吴茱萸、花椒为食。

端黑萤
Abscondita chinensis

鞘翅目
萤科
体长：9mm—11mm

*相遇日*______________

特征 | 体橙黄色，头部黑色，复眼大而明显，鞘翅隆脊不明显，末端黑色。雄虫腹部第 5 节黑色横纹相连，步足腿节橙黄色，胫节和跗节带黑褐色，雄虫腹部有 2 节发光器，雌虫只有 1 节。

习性 | 幼虫陆生，以蜗牛为食，成虫夜晚常在水边潮湿阴暗的灌木丛和杂草丛中活动，边飞行边发出荧光，荧光间隔时间较长。

黄脉翅萤

Curtos costipennis

鞘翅目
萤科
体长：5mm—8mm

*相遇日*____________

特征 | 体橙黄色，头部、步足黑色，复眼大而明显，鞘翅上有明显的隆脊，自肩部向内倾斜延伸，与翅末端的黑色区域相连，雄虫腹部有 2 节发光器，雌虫只有 1 节。

习性 | 幼虫陆生，以蜗牛、蛞蝓为食，成虫夜晚常在水边潮湿阴暗的灌木丛和杂草丛中活动，边飞行边发出荧光。

烬伊细花萤

Idgia deusta

鞘翅目
细花萤科
体长：约 11mm

相遇日______________

特征 | 体中小型，头部黑色，前胸背板橙色，略扁，光滑，翅鞘橙色，端部具少许黑斑，斑型呈椭圆形斜向，合翅时左右部分相连，各足黑色，基部黄褐色。

习性 | 活动于林间，夜晚会趋光。

四斑露尾甲

Librodor japonicus

鞘翅目
露尾甲科
体长：8mm—12mm

相遇日____________

特征 | 体型宽扁，呈黑色，有光泽，头部较大，略呈三角形，雄虫上颚发达，前胸背板近长方形，鞘翅上有 4 个锯齿状橙红色斑纹，末端弧缩，露出 1 节腹部背板。

习性 | 夜晚常聚集在树干上吸食树汁。

北方艾蕈甲

Episcapha morawitzi

鞘翅目
大蕈甲科
体长：10mm—14mm

*相遇日*____________

特征 | 体长卵形，呈黑色，有光泽，触角粗壮，末端膨大，背部隆起，鞘翅上有 4 个锯齿状橙红色斑纹。

习性 | 夜晚常聚集在长有多孔菌、薄孔菌等大型菌类的树干上，成虫和幼虫均以真菌为食。

彩菌甲

Ceropria sp.

鞘翅目
拟步甲科
体长：8mm—10mm

相遇日＿＿＿＿＿＿

特征｜体卵圆形，头部和前胸背板黑色，背部隆起，鞘翅基底蓝绿色和紫红色，有强烈的金属光泽，鞘翅上各有 6 条细密刻点形成的纵沟，雄虫前足跗节下侧有毛刷。

习性｜夜晚常活动于长有多孔菌、薄孔菌等大型菌类的树干上或朽木中，以真菌为食。

成虫和幼虫

弯胫大轴甲
Promethis valgipes

鞘翅目
拟步甲科
体长：21mm—25mm

*相遇日*__________

特征 体长卵形，呈黑色，有弱光泽，前胸背板近方形，布满细小刻点，中部凹陷，形成一纵沟，鞘翅上各有9条细密刻点形成的细纵纹，各足胫节端部均被金黄色短毛，跗节下侧有毛垫。

习性 夜晚常活动于树干上，吸食树汁，也取食真菌。

大粒德轴甲

Derosphaerus cribripennis

鞘翅目
拟步甲科
体长：15mm—20mm

相遇日＿＿＿＿＿＿

特征｜体长卵形，呈黑色，有弱光泽，前胸背板近方形，有细密刻点，鞘翅上有多条粗刻点形成的纵沟，步足黑色。

习性｜夜晚常活动于树干上，吸食树汁。

大卫邻烁甲

Plesiophthalmus davidis

鞘翅目
拟步甲科
体长：20mm—25mm

*相遇日*____________

特征 | 体长卵形，呈黑色，有光泽，背部隆起，前胸背板向头部倾斜，鞘翅上有多条细密刻点形成的纵纹，步足细长，各足胫节和跗节内侧有黄褐色绒毛。

习性 | 夜晚常活动在树干上，幼虫生活在朽木中。

朱肩丽叩甲

Campsosternus gemma

鞘翅目
叩甲科
体长：30mm—39mm

相遇日________

特征 | 体扁平，腹部末端较尖，全身光亮，头部、触角和步足均为黑色，前胸背板两侧有橙红色粗条纹，外缘黑色，有侧角，鞘翅有金属绿色光泽，有不明显的纵纹，侧缘稍上卷。

习性 | 常活动于林下灌木丛和草丛中，胸、腹部有类似弹簧卡扣的结构，遇危险时叩头后弹起，能够迅速翻身和逃生。

双瘤槽缝叩甲

Agrypnus bipapulatus

鞘翅目
叩甲科
体长：15mm—20mm

相遇日________

特征 体宽扁，呈黑色，布满灰褐色鳞片状短绒毛，形成模糊的云状斑，前胸背板宽大，有细密刻点，中部有2个瘤状突起，鞘翅上有多条细刻点形成的纵纹。

习性 夜晚常活动于树干及灌木丛叶片上，取食树汁，受惊扰后有假死习性，偶有叩头逃生。

木棉梳角叩甲

Pectocera fortunei

鞘翅目
叩甲科
体长：24mm—28mm

相遇日＿＿＿＿＿＿

特征 | 体型狭长，呈褐色，全身布满灰白色绒毛，前胸背板和鞘翅上的绒毛形成灰白色斑纹，前胸背板后角尖锐，鞘翅宽于前胸，端部较尖，鞘翅上有多条细纵纹，雄虫触角呈栉齿状，雌虫触角呈锯齿状。

习性 | 夜晚常活动于树干上，受惊扰后有假死习性，偶有叩头逃生。

莱氏猛叩甲

Tetrigus lewisi

鞘翅目
叩甲科
体长：21mm—34mm

*相遇日*____________

特征 | 体型狭长，呈黑褐色，全身布满黄褐色绒毛，头部前缘平直，触角栉齿状，前胸背板近似梯形，后角尖锐，小盾片舌状，鞘翅背面隆起，两侧平行，有多条明显的细纵纹。

习性 | 夜晚常活动于树干上，肉食性，以松墨天牛等昆虫的幼虫为食，胸、腹部有类似弹簧卡扣的结构，遇危险时叩头后弹起，能够迅速翻身和逃生。

构树潜吉丁

Trachys broussonetiae

鞘翅目
吉丁科
体长：29mm—37mm

*相遇日*______

特征 | 体黑色，带有铜色光泽，下颚须和跗节褐色；体型小，呈卵圆形；头部背面具刻点和金黄色绒毛，触角短；鞘翅背面具密集深刻点，腹面具稀疏灰色绒毛。

习性 | 常活动于树木及灌木丛叶片上，以植物叶片为食，停歇时形似虫屎，遇危险时弹跳逃逸。

甘薯蜡龟甲

Laccoptera quadrimaculata

鞘翅目
铁甲科
体长：7mm—10mm

*相遇日*__________

特征 身体近三角形，边缘平滑，背部隆起，形似乌龟，体棕黄色，前胸背板常有 2 个小黑斑，鞘翅上有密集粗刻点和数条脊纹，黑斑数量多，大小不一。

习性 常活动于农田中，以甘薯、牵牛花等旋花科植物叶片为食。

赤翅甲

***Pseudopyrochroa* sp.**

鞘翅目
赤翅甲科
体长：10mm—15mm

相遇日________

特征 | 身体窄长，头部和触角黑色，触角呈锯齿状，头于眼后变成较窄的颈部，前胸背板和鞘翅红色，前胸背板侧角呈圆弧状，鞘翅布满细毛，有多条脊纹。

习性 | 幼虫生活于朽木树皮下，以真菌和其他昆虫为食，成虫喜访花。

豆芫菁

Epicauta sp.

鞘翅目
芫菁科
体长：15mm—25mm

*相遇日*____________

特征 | 头部红色，复眼、触角、前胸背板、鞘翅及步足均为黑色，翅上无白色条纹，腹部背面黄色。

习性 | 幼虫以蝗虫卵块为食，成虫常聚集于大豆、绿豆等豆科植物上，以嫩叶和嫩芽为食。受惊时会从腿节末端分泌含斑蝥素的黄色液体，有毒，接触皮肤后会引起红肿发泡，观察时需注意不要触碰。

毒隐翅虫

Paederus sp.

鞘翅目
隐翅虫科
体长：10mm—15mm

相遇日 ________

特征 | 多数体细长且小，两侧平行，头、翅和腹尾呈黑色，前胸、腹部及足为橘黄色，鞘翅短而厚，长约等于宽；后翅发达，起飞时能迅速从鞘翅下展开，飞行后靠腹部和足的帮助叠好，重新藏在鞘翅下面；大部分腹节外露。

习性 | 喜潮湿环境，生活于林间或森林地表枯枝落叶层等环境。性活泼，跑动迅速，善飞翔，受惊后会分泌毒液，接触皮肤后会引起过敏。

石蛃

Machilidae spp.

石蛃目
石蛃科
体长：10mm—15mm

*相遇日*______

特征 较原始的小型昆虫。整体呈纺锤形，胸部较粗而向背侧拱起，体表布满形状多样的鳞片，有金属光泽。体色与生境接近，一般为棕褐色，体背与体侧有大小不一的黑褐色斑纹，触角长，呈丝状，尾须3枚，中尾须特别长。

习性 生活于阴暗潮湿、长有苔藓地衣的岩石上和石缝内，活泼善跳，以苔藓、地衣、藻类、植物碎屑等为食。

双纹姬蠊
Blattella bisignata

蜚蠊目
姬蠊科
体长：14mm—17mm

相遇日______________

特征 | 体黄褐色至褐色，前胸背板有两条黑色纵纹，前后翅发达，前翅颜色较淡，翅上脉纹明显。

习性 | 生活在林下落叶层、杂草丛和灌木丛中，夜晚常在叶片及树干上活动，受惊后能做短距离飞行。

大光蠊

***Rhabdoblatta* sp.**

蜚蠊目
硕蠊科
体长：30mm—40mm

相遇日____________

特征 | 体棕黑色，有较强光泽，前胸背板略呈梯形，前缘平直，后缘弧形，翅上脉纹明显。

习性 | 夜晚常在树干和灌木丛叶片上活动，会进入室内，在厨房、旧家具等阴暗潮湿处生活，喜食糖类、淀粉类食品。

黑翅土白蚁

Odontotermes formosanus

等翅目
白蚁科
体长：工蚁 4mm—6mm
繁殖蚁 25mm—30mm

相遇日________

特征 工蚁头部淡黄褐色，触角呈念珠状，头、胸部紧密连接呈筒状，腹部灰白色或乳白色，有褐色斑纹。繁殖蚁头胸部背面黑褐色，腹部有褐色环纹，翅呈长椭圆形，灰褐色。

习性 用泥土包裹覆盖树干或枝条的表面后进食，会在地下树根部修筑巢穴和蚁道，由主巢和多个副巢组成。繁殖蚁常于夏季雨后的夜晚聚集于灯光下，数量巨大。

工蚁
繁殖蚁

红颈长须沼石蛾

Nothopsyche rufilollis

毛翅目
沼石蛾科
体长：10mm—20mm

相遇日____________

特征 形似蛾类，复眼黑色，颈部橙黄色，触角呈长丝状，翅黑色，无鳞片，布满粗细不等的黑褐色毛。

习性 幼虫生活于水质较好、清澈无污染的溪流和池塘中，取食各种有机物，成虫亦在附近活动。

突长角石蛾
***Ceraclea* sp.**

毛翅目
长角石蛾科
体长：约 36mm

*相遇日*______________

特征 | 头部、胸部及前翅灰白色，足及触角具褐色环纹，触角细长，超过翅长。

习性 | 幼虫生活于水质较好、清澈无污染的溪流和池塘中，取食各种有机物，成虫亦在附近活动。幼虫水生，利用砂屑、叶片等制作管巢居住其中。

边缘二翅蜉

Odontotermes formosanus

蜉蝣目
四节科
体长：4mm—6mm

相遇日______________

特征 | 身体背面中央有棕褐色纵纹，腹面浅绿色，前足淡褐色，翅膀透明，前翅前缘淡棕褐色，尾丝白色，有黑褐色环纹。

习性 | 稚虫生活于水质较好、清澈无污染的湖泊和池塘等静水水域，以及流速缓慢的河流中，成虫亦在附近活动。

紫金柔裳蜉

Habrophlebiodes zijinensis

蜉蝣目
细裳蜉科
体长：6mm—7mm

相遇日 ____________

特征 | 复眼黑灰色，双眼间距小，腹部背板的前缘及中部色淡，两侧色深，翅膀透明。

习性 | 稚虫生活于水质较好、清澈无污染的溪流环境，成虫亦在附近活动。

尤氏拟亚非蜉

Parafronurus youi

蜉蝣目
扁蜉科
体长：10mm—11mm

相遇日______

特征 体棕黄色，身体各部具棕黑色斑点或条纹，复眼黑色，两眼在头顶的距离小于中单眼的宽度，腹部各节背板两侧各具 1 条黑色斜纹。

习性 稚虫生活于水质较好、清澈无污染的溪流环境，成虫亦在附近活动。

南京叉襀

Nemoura nanjingensis

襀翅目
叉襀科
体长：约 15mm

相遇日＿＿＿＿＿＿

特征 | 体小型，呈深棕色至黑色，成虫有翅。

习性 | 稚虫生活在水质较好的溪流环境，对于水中的含氧量要求很高，时常会爬出水面呼吸。

紫金黑襀

Capnia zijinshana

襀翅目
黑襀科
体长：约 15mm

相遇日____________

特征 最早发现于紫金山。体小型，呈棕黄色至黑色，雌雄虫均无翅。

习性 稚虫生活在水质较好的溪流环境，对于水中的含氧量要求很高，时常会爬出水面呼吸。成虫冬季末活动，在溪流内可见。

辽宁皮竹节虫

Phraortes liaoningensis

竹节虫目
竹节虫科
体长：58mm—84mm

相遇日________

特征 | 雌虫体大，身体较粗，呈黄绿色；雄虫体小，身体细长，呈黄褐色。雌雄虫步足和触角均细长，前足在静止时向前合并伸长。

习性 | 生活于树林及灌木丛中，常活动于树叶背面，以壳斗科植物为食。常边摇晃边走路，模拟风吹动树枝的样子。

交配中

短肛䗛

***Ramulus* sp.**

竹节虫目
竹节虫科
体长：80mm—100mm

相遇日________

特征 雌雄异型，身体均为绿色。雄虫颜色较深，并夹杂深褐色，触角较短。

习性 生活于树林及灌木丛中，以多种植物枝叶为食，常边摇晃边走路，模拟风吹动树枝的样子。

草蛉

***Chrysopa* sp.**

脉翅目
草蛉科
体长：10mm—14mm

相遇日＿＿＿＿＿＿

特征 | 身体细长，呈黄绿色，触角细长，复眼发达，呈半球状，有金属光泽，翅膀透明，翅上有网格状脉络，脉纹绿色，步足绿色，跗节红褐色。

习性 | 夜晚常活动于树林间，停歇在树枝及叶背面，有时会被灯光吸引进入室内，受惊时会释放恶臭气味。幼虫以蚜虫、蚧壳虫等昆虫为食，成虫以花蜜和虫卵为食。

卵

褐蛉

Hemerobiidae spp.

脉翅目
褐蛉科
体长：约 5mm

相遇日＿＿＿＿＿＿

特征 体褐色，前翅有褐色斑纹，常有金属光泽，触角长，呈念珠状，前后翅形状、脉序相似，脉上多毛。

习性 夏秋季常在树林间活动，成虫在飞行间捕食，夜晚常被灯光吸引。

黄脊蝶角蛉

Ascalohybris subjacens

脉翅目
蝶角蛉科
体长：33mm—38mm

相遇日________

特征 | 体型细长，复眼大，形似蜻蜓，但触角细长，末端膨大，又似蝴蝶，翅透明，翅脉黑色，步足黑色。

习性 | 成虫和幼虫都具有捕食性，幼虫会在地表附近静候猎物，夜晚常被灯光吸引。

日本白云蚁蛉

Glenuroides japonicus

脉翅目
蚁蛉科
体长：30mm—35mm

*相遇日*__________

特征 | 身体细长，复眼大，形似蜻蜓，但触角细长，爪强弯，后翅端部有一黑色斑。

习性 | 成虫和幼虫都具有捕食性，幼虫会在地表干燥处掘洞等待猎物，成虫具趋光性。

肥螋

***Anisolabis* sp.**

革翅目

肥螋科

体长：11mm—20mm

相遇日________

特征 | 体暗红褐色，有光泽，头部略呈三角形，头胸间有颈，呈灰白色，较窄，腹部向后逐渐变宽，尾铗短，呈红褐色，步足灰白色，有黑褐色斑纹。

习性 | 生活于阴暗潮湿的林下落叶层、泥土、石缝和朽木下等环境中，食性杂，夜晚常在树干及道路上活动。

瘤螋

Challia fletcheri

革翅目
大尾螋科
体长：19mm—21mm

相遇日________

特征 | 体型狭长，稍具光泽，呈褐色。触角、足褐黄色，头部长而扁平，头缝较深，腹部细长，稍扁平，后3节稍膨扩，遍布粗糙刻点，末腹背板长宽几乎相等，两侧近平行，腿节有暗褐色斑纹，遍布颗粒状刻点和黄绒毛。

习性 | 生活于阴暗潮湿的林下落叶层、泥土、石缝和朽木下等环境中，食性杂，夜晚常在树干及道路上活动。

中华刀螳
Tenodera Sinensis

螳螂目
螳螂科
体长：70mm—100mm

*相遇日*______________

特征 | 体型较大，身体细长，呈绿色或褐色，后翅烟黑色，前足基节内侧无斑纹。

习性 | 常活动于灌木丛和草丛中，以双翅目、鳞翅目、直翅目等昆虫为食。

广斧螳

Hierodula petellifera

螳螂目
螳螂科
体长：45mm—65mm

相遇日__________

特征 常见的中大型螳螂，呈绿色或褐色，腹部宽大，前翅常各有1枚白色或黄色翅斑，前足基节上有3—5个黄色疣粒，以此区别于中华斧螳。

习性 常活动于灌木丛和树干上，以双翅目、鳞翅目等昆虫为食。

棕静螳

Statilia maculata

螳螂目
螳螂科
体长：45mm—60mm

相遇日________

特征 | 体型纤细瘦长，整体主要呈褐色，也有少量绿色，前足基节和腿节内侧有大块的黑色斑纹，前足内部有黑、白、粉 3 种色斑。

习性 | 常活动于近地面的低矮灌木丛和草丛中，性格胆小，以双翅目、直翅目等昆虫为食。

中华怪螳

Amorphoscelis chinensis

螳螂目
怪螳科
体长：20mm—25mm

相遇日____________

特征 | 体型细小，呈灰褐色，前胸背板较短，前翅上有密集的网状纹路，步足黄褐色，有黑褐色环纹，前足股节缺外列刺。

习性 | 常活动于树干上，行动敏捷，以蚂蚁等昆虫为食。

参考资料

[1] 许再福．普通昆虫学［M］．北京：科学出版社，2009.

[2] 张巍巍，李元胜．中国昆虫生态大图鉴［M］．重庆：重庆大学出版社，2011.

[3] 张志升，王露雨．中国蜘蛛生态大图鉴［M］．重庆：重庆大学出版社，2017.

[4] 张浩淼．中国蜻蜓大图鉴［M］．重庆：重庆大学出版社，2018.

[5] 齐硕．常见爬行动物野外识别手册［M］．重庆：重庆大学出版社，2019.

[6] 吴岷．常见蜗牛野外识别手册［M］．重庆：重庆大学出版社，2015.

[7] 张松奎，张花青．南京蝴蝶生态图鉴［M］．南京：南京师范大学出版社，2018.

[8] 陈德牛，高家祥．中国经济动物志（陆生软体动物）［M］．北京：科学出版社，1987.

[9] 刘广瑞，章有为．中国北方常见金龟子彩色图鉴［M］．北京：中国林业出版社，1997.

[10] 王庆，等 . 南京常见水生野生动物识别手册 [M] . 南京：南京大学出版社，2022.

[11] 孙红英，刘建琳 . 江苏常见野生动物图鉴 [M] . 南京：江苏凤凰科学技术出版社，2023.

[12] 宋大祥，杨思谅 . 河北动物志 · 甲壳类 [M] . 石家庄：河北科技出版社，2009.

[13] 周尧 . 中国蝴蝶分类与鉴定 [M] . 郑州：河南科学技术出版社，1998.

[14] 李帆 . 中国淡水鱼类图鉴（上、下册）[M] . 福州：海峡书局，2024.

[15] 中国科学院昆明动物研究所两栖爬行类多样性与进化研究组 . 中国两栖类 [DB/OL] . 2024. http://www.amphibiachina.org/.

[16] 嘎嘎（林义祥）. 嘎嘎昆虫网 [DB/OL] . 2024. http://gaga.biodiv.tw/index.htm.

[17] 中国科学院动物研究所 . 国家动物标本资源库 [DB/OL] . 2024. http://museum.ioz.ac.cn/index.html.

[18] 江苏第二师范学院昆虫资源与多样性研究所 . Insecta Integration Specimen Database Website（积分昆虫学）. [DB/OL] . 2024. https://insectaintegration.com/.

[19] 无患子，海鹦 . 南京紫金山夜间观察手册 2020 版 [Z] . 2020.

[20] 大城小虫工作室 . 上海昆虫 1000 [Z] . 2022.

[21] 之野知野 . 南京夜间动物观察指南 [Z] . 2024.